이성의 명암과 건축이론

글. 임기택

1부 주체문제와 변증법적 사고체계 / 건축의 합리성과 낭만성

2부 모더니즘의 이면/건축적 가능성과 폐해

현대건축이 단순한 형태의 유희가 아니라 그 사회가 처한 각종 외적 변수와 치열한 이론적 배경의 바탕 위에서 실험을 거듭하면서 물질화되어 빚어진 것임을 이해하기까지 학생들은 여러 종류의 인문서적들을 섭렵해야 한다. 현학적인 건축이론서들은 건축이론에 입문하는 학생을 쉽게 질리게 만든다. 학생들은 대략의 철학적 사유를 이해한 이후 '그 철학적 지식을 현실건축에 어떻게 적용하고 비평하며 더 나아가 어떻게 시대정신에 맞는 건축을 만들 것인가'라는 큰 문제에 직면하게 되었을 때 극복의 힘을 주게 되는 것이 인문학적 지식이고 접목이다.

건축잡지에서 논의되고 있는 대부분의 건축담론들을 읽어보면 초심자로서는 그들이 논의하고 있는 내용이 어떤 의미를 지니는지를 이해하기가 매우 힘든 것이 현실이다. 대부분의 건축담론들은 한부분에 깊숙이 파고들어 논의하고 있거나, 국소적인 내용으로 파편화되어 있는 경우가 대부분이다. 이 시리즈의 목적은 그동안 파편화되었던 여러 현대철학적 지식을 한자리에 모아 건축과 접목시켜 건축분야에서 바라보는 철학적 담론을 연결해 사고하고자 함에 있다.

고려했던 부분은 세 가지이다. 첫째, 건축과 관련된 철학적 분야에 대해서 어떻게 쉽게 이해할 수 있도록 하는가 / 둘째, 철학과 건축의 공통분모 즉, 건축적 경계면을 포착하는 것 / 셋째, 두 가지의 공통분모의 관계에서 얻은 깨달음으로 앞으로 어떠한 건축적 화두를 통해 건축적으로 적용할 수 있는 능력을 함양할 수 있을까 이다.

이 시리즈의 책에 나오는 사유와 건축작품들은 속칭 시효가 지난 '한물 간' 사유체계가 아니다. 물론 작품과 사고에 따라서 사안 자체는 상당시간이 지난 것도 있지만 대부분 여전히 시간을 초월하여 의미가 있는 것들이며 다시

되새겨보면서 새롭게 현대적 의미를 가미해 재창조해야할 중요한 '가치'들이다.

이 책은 2007년 여름학기에 철학아카데미에서 "인식과 현시의 In-between: 건축과 철학의 경계"라는 제목으로 건축과 철학의 연결고리에 대해서 강의를 한 것과 2011~2012년 홍익대학교 대학원 수업을 바탕으로 삼아 책으로 재구성한 것이다. 이 시리즈의 주제들은 현대철학에서의 사고체계와 건축 분야가 어떠한 방식으로 상호관련을 맺으며 현실에서 구체화되는가에 대한 경계면에 주목하고 있다.

각 책의 구성은 3단계로 나뉘어 있다.

PART Ⅰ 에서는, 매 강좌에서 주제별로 알기 쉽게 현대건축에서 논의되는 철학가들의 주요사상을 각 권별 주제에 맞추어 요약한다.

PART Ⅱ 에서는, 시대별 철학사상과 건축적 표현 및 공간구성의 경계면상에서 나타나는 건축적 연결고리를 제시하고 시대적 사유에 영향을 주고받으면서 나타나는 건축적 특성을 탐구한다.

PART Ⅲ 에서는, 사유와 관련하여 현실을 바라보면서 세계를 이해할 수 있는 힘을 바탕으로 새로운 가치관으로 건축을 추구할 수 있는 방향성과 방법론이 될 수 있는 요소들을 제시함으로써 스스로 건축적으로 사고할 수 있도록 유도하는 것을 그 목표로 한다.

이 책이 각자의 자리에서 건축을 진지하게 고민하고 사고할 수 있도록 작은 도움을 주었으면 하는 바람이다.

1

주체문제와
변증법적 사고체계
/
건축의
합리성과 낭만성

주요 철학자 소개

데카르트Rene Descartes, 1596–1650

프랑스의 철학자·수학자·물리학자. 근대철학의 아버지로 불림. 수학분야에서 기하학에 대수적 해법을 적용한 해석기하학의 창시자로 알려져 있다. 철학분야에서 그는 극한까지 이르는 형이상학적 방법적 회의懷疑를 통해 한 가지 명제에 도달한다. 즉, '나는 생각한다, 고로 나는 존재한다 cogito, ergo sum'라는 근본원리가 『방법서설』에서 확립되었다. 이는 중세를 마감하고 근대철학을 시작한 것이며 신으로부터의 독립된 주체, 이성적, 과학적 사고관의 중시를 통해 서구물질문명의 발전과 같이 하는 서구철학사의 중요한 위상을 차지하는 사상계의 큰 족적을 남겼다. 이 책의 사유의 시작점의 인물이다.

스피노자Baruch de Spinoza, 1632–1677

네덜란드의 철학자. 그는 유대인 상인의 가문에서 태어나 전통적인 교육을 받았으나 인문주의적인 교양을 쌓아 점차 이단적인 서구적 사상에 심취했다. 1673년 하이델베르크대학에서 철학 정교수로 초청하였으나, 사상의 자유와 『에티카(윤리학)』의 완성을 중시하여 거절했다.

데카르트에게 많은 영향을 받은 거의 동시대 철학자이나 데카르트의 철학과 여러가지 측면에서 다른 철학적 입장을 견지했다. 만물은 신의 형태를 빌린 것이며 자연을 초월한 곳에 신이 있는 것이 아님을 주장했다. 그의 사유는 "모든 것이 신이다"라고 하는 범신론汎神論과 유사하나 그것은 그리스도교적인 인격의 신이 아니고 자연이었다. 이 세상 만물의 각각은 신의 내적

필연에 의해 존재한다고 생각하고 자기 존재를 유지하려는 경향(자존성)이 있다고 생각하였으며, 이것을 근거로 정치와 도덕의 사상을 전개했다. 이후 들뢰즈 등의 후대 철학에 많은 영향을 끼쳤다.

라이프니츠Gottfried Wilhelm von Leibniz, 1646-1716

라이프치히 출생. 외교관, 정치가, 기사技師 등의 다양한 직업을 가지고 있었으며 실무가로서도 유능했다. 라이프치히대학의 도덕철학 교수의 아들로 출생해서 다양한 학문적 영향을 받았으며 1670년 마인츠후국의 법률고문이 되었다. 정치생활에 들어서면서 파리에서 활동하기도 했고 루이 14세의 일을 하면서 많은 과학 인사들(수학자, 물리학자들)과 접촉하면서 형이상학적 연구, 자연과학의 연구를 동시에 다방면으로 연구했다. 데카르트 철학 및 스피노자 철학 등 다양한 분야의 연구를 섭렵하였다. 이런 학문적 배경으로 말미암아 데카르트 스피노자의 철학을 취하면서도 그것을 넘어서는 독특한 사유체계를 전개하였다. 그의 사유는 모나드론으로 대표되며 이것은 '표현'과 '표출', '실체' 개념의 결실로서 『단자론單子論 Monadologia』(1720)을 저술하게 되었고 후세의 후기구조주의 사유 계열의 철학자들에게 많은 영향을 끼치게 되었다.

헤겔Georg Wilhelm Friedrich Hegel, 1770-1831

칸트 철학을 계승한 독일 관념론을 종합한 철학자이다. 18세기의 합리주의

1. 데카르트 초상
2. 스피노자 초상
3. 라이프니츠 초상
4. 헤겔 초상

적 계몽사상의 한계를 통찰하고 '역사'가 지니는 의미에 눈을 돌린 데 의미가 있다. 또한 모든 사물의 전개展開를 정正 ·반反 ·합合의 3단계로 나누는 변증법辨證法은 그의 논리학과 철학의 핵심이다. 헤겔의 사유가 지니는 중요한 점은 기존의 철학에서 간과했던 역사적 발전과 과정을 중시한 법칙성에 있다는 점이다. 절대정신이 구현되는 변증법적 과정은 이후 독일 3대철학자(헤겔, 칸트, 피히테) 및 행위를 중시하는 마르크스에 의해 계보를 이루게 된다. 이는 마르크스의 전 세계를 대상으로 하는 사회적 실험의 중요한 근원적인 사유체계를 정립했다는 점에서 의의가 있다.

철학의 정의와 건축적 사유의 필요성

건축철학과 관련하여 우선 화두가 되는 것은 근대철학의 주체문제와 변증법적 사고체계이다. 이것이 이 책에서 다루게 될 첫 주제이다. 건축적으로는 이와 관련하여 **'건축의 합리성과 낭만성'** 이라는 틀로 분류하는 체계를 살펴보는 것이 유용하다. 그에 따른 문제의식은 다음과 같다.

- 철학의 주체문제와 존재론은 무엇일까?
- 철학의 주체문제와 건축과 연관하여 생각할 수 있는 부분은 무엇일까?
- 변증법적 사고체계는 무엇인가?
- 변증법적 사고관과 시민계급 경제성장의 의미는 어떠한 관련성을 맺고 있을까?
- 데카르트와 스피노자의 사고체계의 철학적 차이는 무엇인가?
- 르네상스 건축 및 바로크 건축과 철학적 사유의 유사성은 무엇인가?
- 건축에서의 합리성과 낭만성이라는 분류기준 및 변증법은 어떠한 관련성을 맺고 있는가?

철학에서 인식과 주체의 문제는 매우 중요하다. 주체의 문제를 다루는 담론을 다른 말로 '존재론ontology'이라고 한다. 존재론에서는 주체와 대상 혹은, **일자**一者**와 다자**多者의 관계라고 표현하기도 하는데 이것은 모두 같은 말이다. 주체의 문제는 근대 서양철학에서 매우 중요하며 주체의 문제를 어떻게 바라보는가에 따라서 서양 근대철학의 쟁점과 역사가 형성되고 발전해 왔다고 해도 과언이 아니다.

다시 말하면, 생각하고 있는 '나' 라는 주체와 나를 둘러싼 세계, 즉 독자 자신과 자신을 제외한 이외의 사람(다른 사물들 포함)들의 관계를 어떤 관점으로 바라보는가가 근대철학의 가장 중요한 문제 중 하나였다. 사실, 각 개인은 나의 의지와는 상관없이 이 세상에 던져져서 태어난 후, '나란 존재는 누구이고 어떻게 살아가야 할 것인가' 에 대해서 한 번쯤은 심각하게 고민을 해본 경험이 있을 것이다.

우리를 둘러싼 세계를 이해하는 틀을 제시하는 철학의 분야는 크게 네 가지로 나누어지는데, 존재를 사고하는 존재론ontology과 지식이란 무엇인가에 대한 근원적 반성적 고찰을 하는 인식론epistemology과 인간 삶의 목적 및 가치 등에 대해 반성적으로 고찰하는 가치론axiology, 논리적 사고를 탐구하는 논리학logics 등으로 나뉘게 된다.[1)]

그러나 대개 철학분야는 전통적으로 형이상학(존재, 본질 관련)形而上學, 인식론認識論, 윤리학倫理學 등이 중요한 세 가지 분야로 인정되어 왔다.

형이상학은 주로 존재 자체의 본성을 연구하는 것으로서, "참으로 존재하는 것은 무엇인가?" , "우주의 본질은 무엇인가?", "신은 존재하는가?" 와 같은 물음을 던진다. 형이상학의 어원은 서양의 메타피직스metaphysics를 번역한 것이지만 형이상形而上이라는 용어는 도학이라 할 수 있기에 메타피직스의 역어로서의 의미와 형이상학의 의미가 동일하다고 볼 수는 없다.

한편, 인식론은 참다운 앎이란 무엇인가, 우리는 어떻게 알 수 있는가, 인간은 어디까지 알 수 있는가 등을 묻는 것으로, 존재 자체를 알고자 하는 학문이다.

윤리학은 형이상학, 인식론 보다 우리의 인생에 더 밀접한 관계를 가지는 것으로 "어떻게 세계를 이해하는가"에 초점을 두기 보다는 "어떻게 살아야 하는가?" 의 실천적 문제라 할 수 있다. 다시 말해 매 순간 우리가 선택을 할 때 일반적으로 선, 악, 옳고 그름, 행복 등 우리의 행위에 있어서 선을 탐구하는 것이 도덕 철학 혹은 윤리학이다.

1) 이정호 외, 철학의 이해, 한국방송통신대학교 출판부, 2000, p5

철학은 이 밖에 논리학, 예술 철학, 종교 철학, 역사 철학, 법 철학, 사회 철학 등으로 분류되고 있다.

1001 철학의 정의

분류적인 접근은 잠시 보류하고 근본적인 질문으로 돌아가 철학이란 무엇일까? 철학이란 자연 및 환경 세계 속에서 인간이 부딪치는 여러 문제 상황들을 근원에서 바라보고 그 해결을 위한 총체적 관점을 획득하고자 하는 지적 노력과 그 소산을 통틀어서 이야기하는 것이다.

19세기 이후 폭발적으로 과학이 분화되고 발달해 왔다. 그러나 그럴 수록 총체적, 근본적 관점은 더더욱 요구될 수밖에 없다. 종교도 그러한 역할을 일부 하고 있지만 종교는 인간의 인식으로는 해결하기 힘든 차원의 내용들로 이루어져 있다. 종교는 '믿음' 내지는 '깨달음'의 영역에 속하기 때문에 일반적인 철학적 주제와는 다른 차원의 영역이라고 할 수 있다. 종교의 영역은 세상에서 이해하기 힘든 부분을 일단 믿거나 깨달음의 초월적 차원에서 해결하는 것이므로 이성적으로 이해되거나 논리적으로 설명하는 것과는 거리가 있다.
'나'라는 존재는 이 세상에 스스로 원하여 태어난 것이 아니다. 이 세상에 던져지고 난 이후, 나라는 존재는 자신이 속하고 있는 자연과 사회라는 환경에 속하여 회피할 수도, 포기할 수도 없는 상황(아포리아Aporia)에 처해 있게 될 수밖에 없다. 종교는 이러한 상황을 다른 차원에서 해결하고자 하여 근본적 질문을 던지고 그것에 대한 해결을 추구하고 개인별로 답을 얻게 된다. 종교를 가지고 있는 사람이라면 세상을 이해하는 방식이나 신의 존재나 깨달음의 실체가 인간의 의식과는 상관없는 다른 차원으로 해결되는 경험을 하게 된다. 이성의 영역으로 이해하는 영역과 종교적 영역으로 해결되는 것이 따로 있다는 것을 깨닫게 된다.

그러나 철학은 이성을 통해 근본적 문제에 대한 해결을 시도하고자 하는 학문이다. 철학의 가치는 인간의 삶을 바라보면서 보존과 향상을 위한 제반 일체의 대응들 자체에 대한 총체적이고 이성적인 비판과 반성에 그 의의가 있는 것이라 할 수 있다.

세상을 살아가다보면 여러 방면에서 철학이라는 단어가 쓰인다. 인생철학 등의 단어로 쓰이는 경우와 한 개인이 세상을 살아가는 혹은, 세상을 바라보는 방식과 기준을 의미하기도 한다. 그렇지만 **철학계에서 철학적으로 인정받기 위해서는 그 때까지 지배적이었지만 미처 사유하지 못했던 부분, 혹은 가려서 보이지 못하는 부분을 찾아서 기존의 주장을 과감하게 파괴하고 자신만의 주장을 인정 받아야 한다.** '아! 이렇게 세상을 바라볼 수 있구나!' '이런 방식으로 세계를 이해하는 방법이 있었구나!' 라고 많은 사람들의 동의를 얻어낼 수 있어야 한다. 단순히 개인적 체험이 중심이 되는 생활철학의 경우에는, 세계를 이해하는 방식에 있어서 많은 사람들의 동의를 얻지 못하고 단순히 개인의 이해방식을 나타내는 것인 경우가 대부분이다. 이런 경우에는 세상을 이끌어가는 주도적인 철학으로 인정받기 어렵다.

세상이 움직이는 이치나 원리를 이해하고 깨닫고 말할 수 있다는 것은 매우 중요하다. 자신의 의도와는 상관없이 이 세상에 던져지고 나서 나라는 존재는 이 세상과 어떤 방식으로든 관계를 맺어가며 실존하게 된다. 따라서 자신이 맞닥뜨리는 세계를 어떻게 이해하고 그 세계가 어떻게 움직이는지에 대한 원리를 총체적으로 말할 수 있다는 것은 가치가 있다. 일반적으로 사람들은 본능적으로 직관적으로 세계를 받아들이고 그에 따라 행동하고 생존하기 위해 행동할 수는 있으나 세계를 이해한 바를 통합적으로 많은 사람들이 동의할 수 있도록 말하기란 쉬운 일이 아니다. 자신의 방식으로 이야기하고 그 방식으로 세계를 이해했을 때 고개를 끄덕이게 만들거나 모르는 부분을 알도록 하기 위해서는 무언가 기존의 것과는 다른 창조적인 방식이 필요하게 마련이다.

여기에서 중요한 것은 이렇게 새로운 방식으로 세계를 바라보고 이해하는 자신만의 견해가 많은 사람들의 동의를 얻고 기존의 철학적 관점이 보지 못했던 것을 제시했다고 하더라도, 그것이 반드시 이전의 사고에서 완전히 새로운 것이 되었다고 보기는 힘들다는 점에 있다. 왜냐하면, 현대에도 고대 그리스 시대의 사고체계들이 여전히 유효하기 때문이다. 현대사상을 전개하는 철학자들의 사유에도 이전 시대의 철학자들의 사고를 바탕으로 하는 경우가 대부분이다. 플라톤, 아리스토텔레스 등의 철학자들의 사고는 여전히 강력한 영향력을 끼치고 있다. 들뢰즈의 경우, 반플라톤주의를 위해서 플라톤, 스피노자, 니체, 흄, 베르그송의 사유를 변형하거나 통섭하여 가히 변종의 사유를 했다고 할만 하다. 이것은 달리 말해 이전 철학적 사유가 시대를 뛰어넘어 공감을 얻을 수 있는 사고를 만들어냈다는 의미를 가지고 있음을 증명하는 것이다. 동시대에 많은 사람들의 동의를 얻는다는 것은 다른 말로 하면 시대적인 사고의 흐름을 만들어낸다는 의미이기도 하다. 대륙의 합리론, 영국의 경험론 등과 같이 중, 고등학교 때 배웠던 흐름들이 그런 것들이다.

1002 건축분야에서 철학지식 습득의 필요성

그렇다면 건축 및 디자인 관련 학생들이 철학을 습득해야 하는 이유는 무엇일까? 해야할 공부와 알아야 할 지식은 많은데 굳이 철학을 배워야 하는 이유는 무엇일까?

건축을 일컬어 종합예술이라고 말한다. 건축은 단순히 사고를 기술하는 것이 아니라, 다양한 학문분야가 종합되어 빚어지는 분야이기 때문이다. 당연히 종합예술이라는 말은 인간이 거주하는 공간을 만드는 것이기 때문에 인간의 모든 훌륭한 성과가 잘 종합되어 구축되어야함을 이야기 하는 것이기도 하다. 한편, 철학은 모든 학문의 근본이다. 또한 철학은 총체적인 세계관을 만들거나 파악하여 제시하는 분야이다. 철학은 개별적인 과학분야를 수렴하고 종합하여 총체적 세계관으로 나아갈 수 있도록 도와준다. 건축도 마찬가지로 총체적 세계관에 근거하여 오랜 세월동안 그 지역에서 축적된 삶의 지식과 개별 기술들이 종합되어 인간이 거주하는 공간을 만드는 학문이므로 철학적 세계관을 바탕으로 하여 다른 차원의 가능성을 접목하여 물질화를 이룰 수 있는 학문분야이다.

따라서 건축은 사고하는 방법에 따라 전혀 다르게 물질화 될 수 있는 지적행위의 산물産物이 될 수 있다. 건축의 근본적인 문제를 거슬러 올라가다보면 그 산물을 말해주는 사유방식이나 작품을 만들게 된 기본적인 생각(개념)에 항상 도달하게 된다. 따라서 철학을 공부한다는 이야기는 달리 이야기하면 세계를 이해하는 다양한 방식에 대한 근본적인 사고를 훈련하는 것이라고 말할 수 있다.

철학을 공부함으로써 얻게 되는 이득은

첫째, 세계를 이해하는 폭을 넓혀 개인적인 시각을 훈련할 수 있다.

세계를 어떤 방식으로 이해하느냐는 매우 중요한 문제이다. 건축가나 디자이너의 경우, 세계를 이해하는 방식에 따라서 현대성을 적절하게 반영하면 자신의 표현 및 구축에 대한 아이덴티티가 생기게 되며 그것을 그 건축가 혹은 디자이너의 건축 혹은 디자인 철학이라고 말한다. 또한 이것이 건축적·디자인적 발전을 가져온 원동력이 되었다. 디자인 분야는 철학과 같이 논리적 사고, 치밀함, 그리고 감수성이 강해야만 한다. 그래야만 좋은 건축과 디자인이 나올 수 있다.

둘째, 다양한 철학적 사고를 통해 작업의 가능성이 풍부하게 된다. 다른 말로 하면 영감의 원천이 될 수 있다. 다양하게 사고할 수 있는 능력과 동시대의 담론들의 쟁점들을 명확히 인식하게 되면 창조적으로 논점들을 긍정적인 방향으로 시너지를 일으킬 수 있도록 취합할 수 있다. 요리로 비유하면 좋은 품질의 많은 재료를 확보한 것이라고 할 수 있다. 좋은 재료가 많이 있으면 그만큼 요리하는 사람의 솜씨와 철학에 따라 훌륭한 음식이 나올 가능성이 많을 것이다. 건축디자인도 상당부분 비슷한 측면이 있다. 철학이 건축에 유용하다는 것이 바로 여기에 있다. 미래세계에서는 상상력이 매우 중요하다고 이야기한다. '21세기에는 철학이 제공해줄 수 있는 것이 무엇일까' 를 고려했을 때 철학분야는 결국 산업적, 문화적 영감이 되는 상상력을 불러일으킬 수 있는 근본적인 학문이 될 것이다. 더 나아가 생존을 위한 문제로 인식되기도 한다. 철학이나 인문학이 직접적으로 돈이 되는 학문이 아니라고 생각해서 경시되는 경향이 있는데 역설적으로 철학은 이러한 특성 때문에 21세기에는 더욱더 부가가치와 관련 중요성이 더욱 커지게 될 것이다. 단순히 물질적·과학적 수단으로 발전시킬 수 있는 영역의 한계를 우리는 이미 경험하고 있으며 이제는 철학적·인문학적 상상력이 적절하게 결합할 때 새로운 산업개척이 가능한 시대가 되었기 때문이다.

셋째, 동시대의 철학적 사유와 현시顯示(드러남)의 학문인 건축이 유기적 관계를 맺을 수 있다는 점을 들 수 있다. 동시대의 철학사유의 흐름은 항상 동시대의 여러 가지 상황(세계상)과 긴밀한 연결관계를 가지고 있기 마련이다. 긍정적이건 부정적이건, '모든 철학은 시대의 징후이다.' 라고 말하기도 한다. 현재 나타나고 있는 세상의 현실과 동떨어진 사고는 많은 사람들의 공감과 동의를 얻기 힘들다. 따라서 현시대에서 치열하게 논의되고 논쟁되고 있는 철학적 사유를 정통하게 알게 된다는 말은 현대건축에서 논의되고 논쟁이 되는 부분의 이해를 기본으로 하여 대책을 마련하고 새로운 해결방식과 표현방법론을 만들어낼 수 있는 가능성이 높아진다는 것이라고 달리 말할 수 있다.

21세기에 철학이 만들어낼 수 있는 인류의 풍성한 거주 및 업무환경의 이득을 고려한다면 철학의 위상은 더욱 높아질 것이다. 지금의 시점에서 세계를 바라보는 다양한 사상을 이해하고 자신만의 관점을 가지고 새롭고 가치 있는 풍성한 공간을 창조하는 것은 모든 디자이너들의 궁극적 목적일 것이다. 그런 면에서 21세기의 철학은 산업적, 문화적 영감이 되는 상상력을 불러일으킬 수 있는 근본적인 학문으로서 더욱 활용도가 높아질 것이다.

1003 건축학도의 철학지식 습득의 난점

그러나 건축을 전공하는 학생이 철학을 필요한 만큼의 지식을 습득하고 개별적으로 사고하는 정도까지 도달하는 데에는 어려운 점이 한 두 가지가 아니다. 우선 모든 철학을 세부적으로 알 필요까지는 없다는 점을 들 수 있다. 철학을 전공하고 그것을 직업으로 할 사람도 아닌데 철학을 세부적으로 알기에는 노력이나 시간이 상대적으로 부족할 수밖에 없다. 훌륭한 디자이너로 성장하고 세상에서 인정받기까지는 갖추어야 할 요건들은 매우 많다. 따라서 철학을 중요한 비중을 두고 많은 시간을 투자하여 습득하는 것이 쉽지 않은 노릇이다.

그럼에도 불구하고 특히 건축가나 디자이너가 철학을 식견있는 수준까지 알고 사유할 수 있는 능력을 갖추는 것은 중요하다. 왜냐하면 전술했던 바와 같이 동시대의 철학적 흐름과 동떨어져서는 좋은 건축과 디자인을 만들어 낼 수 없기 때문이다. 왜 그럴까? 이렇게 세계를 바라보는 근본적인 사고가 바탕이 되지 않으면 사실, 현재 활동하고 있는 훌륭한 건축가나 디자이너들의 작품을 단순히 모방하는 수준이거나 아류가 될 가능성이 다분하며, 심하게는 왜 따라하는지도 알지 못하고 카피하는 수준을 벗어나기 힘들기 때문이다. '요즘 트렌드가 이렇다더라' '이것이 대세大勢라고 하더라.' '이것을 따라하자.' 이러한 태도는 분명 문제가 있다. 그 이유는 총체적으로 세계를 이해하는 관점을 가지고 새로운 것을 창조하는 과정이 없이 사유나 조형적 트렌드에 따라 흉내내는 것에 불과하기 때문이다. 창조와 관련된 영역에서 무언가의 아류로 치부되는 것은 매우 슬픈 일이다. 그만큼 현실은 냉혹하다. 근대 이후의 철학적 논의와 건축이 어떠한 관련성을 맺고 있으며 이러한 과정이 어떻게 사고되고 건축에서 공간과 표현으로 구축되는지에 대해서 이해하는 것은 그래서 중요하다.

상위에서 벌어지는 조그마한 생각의 차이 혹은 담론 등이 하부에 도달하면 매우 큰 차이를 만들어 낼 수 있다. 산 정상에서 산 밑으로 내려갈 때 각 갈래길로 선택하여 내려가게 되면 상부에서는 조그마한 차이가 하부로 내려가면 각 지점간의 거리가 엄청나게 벌어지는 것이나 마찬가지이다. 또는 TV 토론 프로그램에서 진보, 보수 진영의 토론자들이 벌이는 조그마한 법률상의 개정 문구나 FTA의 조그마한 독소조항의 논의 여부에 따라 하부로 내려가면 서민들의 직접적 생사여탈권이 달려 있는 엄청난 파장으로 다가오기도 한다. 그만큼 조그마한 생각의 차이는 하부의 물적구조에 이르게 되면 엄청난 차이를 가져올 수 있는 여지가 충분하다. 그런 측면에서 사유의 세계는 물리적으로 무언가를 만들어내는데 있어서 전혀 다른 것으로 만들어낼 수 있는 잠재력을 품고 있는 근원적 생성과 투쟁의 장이라고 말할 수 있다.

근대철학의 양면성과

PART 1

변증법적 역사관

근대철학의 주체문제

1004 근대철학의 출발점

현대건축 및 현대철학을 이해하기 위해서는 제일 먼저 '근대'라는 단어, 즉 사람들이 자주 사용하는 모던Modern이라는 단어가 어떻게 해서 등장하게 되었는가를 살펴보아야 한다. 서구에서 모던이라는 단어를 시작하는 시기를 어디서부터 정해야 할 것인가는 계속되는 논쟁거리이다. 그만큼 모던(근대)라는 단어는 매우 다의적이고 포괄적인 개념이다.

근대Modern라는 단어의 주요관점은 근대에 중시되었던 이성(합리성)과 과학혁명(분리[2]), 산업혁명(기계)이 어떻게 현시대를 구성해왔고 영향을 주었는가이다. 이 세 가지 특성은 오늘날 서양의 물질적 발전을 가져오면서 현대의 특성을 만들어내게 된 결정적인 요인이다. 또한 이 세 요소들은 말할 수 없이 다양한 장점에도 불구하고 많은 문제점과 부작용을 낳았던 원인이 되기도 했다.

유럽에서는 14세기에 이르러 중세시대를 마감하고 르네상스시대가 되면서 신의 사고와 체계에서 벗어나 자유로운 인간중심의 문화가 만연하게 되었다. 인간중심의 문화와 사고가 꽃피우게 되면서 근대철학도 발아하게 되었다. 근대철학의 출발점이 되는 철학자는 데카르트이다. 데카르트는 극단적인 회의론자였다. 여기서 회의懷疑라고 하는 말은 의심을 한다는 말이다. 그냥 의심하는 정도가 아니라 극단적으로 의심한다는 것이다. 그의 사유를 간

2) 과학혁명으로 야기된 변화는 너무나 거대한 것이어서 기존의 체계와는 완전히 단절되어 사회전반에 새로운 흐름을 만들어 낸 것을 의미한다.

단히 들여다보자. 데카르트는 자명해 보이는 간단한 사실까지도 의심의 의심을 거듭한다. 그러다보니 그는 의심할 수 없는 지점까지 이르게 되었다. 즉, **'나는 생각한다. 고로 존재한다'** 라는 문장으로 요약되는 막다른 지점까지 도달하게 되었다. 다른 모든 것은 의심할 수 있어도 '지금 이 순간, 생각하고 있는 나 자신만큼은 의심할 수 없다'는 것이다. 그 유명한 데카르트의 코기토는 "생각하다"를 뜻하는 라틴어 cogitare의 1인칭 형태로 나는 생각한다 라는 뜻이다. 철학에서 코기토cogito라고 말하면 그것은 cogito ergo sum, 즉 **'나는 생각한다. 고로 존재한다'** 라는 문장을 줄여서 표현한 것이다.

이것은 여러 가지의 의미를 지니고 있다. 앞의 문장으로 대표되는 생각은 중세시기까지 모든 신이 세계의 중심이 되어 운행되었던 체계에서 벗어나 인간 자신이 주체적이고 독립적으로 생각할 수 있게 된 것을 의미한다. 이 간단한 생각이 서구세계에 어떻게 엄청난 파장을 가져왔을까? 그것은 인간이 드디어 중세의 어두운 터널을 지나 신으로부터의 독립된 주체를 의미하게 되었음을 뜻하기 때문이다. 또한 생각하고 있는 자신이라는 주체와 객체, 즉 그 외의 다른 모든 것을 철저히 분리하는 것이다. 즉, 인간을 둘러싼 자연세계로부터도 독립시키는 것이다. 혹은 객체를 대상화한다고 이야기하기도 한다. 이러한 특성이 만들어낸 중요한 결과는 이후에 자세히 밝히겠지만(1권 후반부) 과학적 발전의 장점에도 불구하고 의도적 주체와 객체의 분리로 인한 이성의 폭력성으로 귀결되었고 그러한 결과의 근본적인 원인이 되기도 했다. 동양과는 달리 서양철학은 철저하게 세분화시켜 대상과 물질을 연구하고 분석한다. 이른바 개인주의적인 사고이다. 여기에서는 생각하고 있는 '나'라는 존재가 특히 중요하다. 문장에서 이러한 느낌을 충분히 받을 수 있다. 이러한 데카르트적 사유체계는 서구문명을 과학적 이성적으로 발전시키는데 지대한 공을 세운다.

5

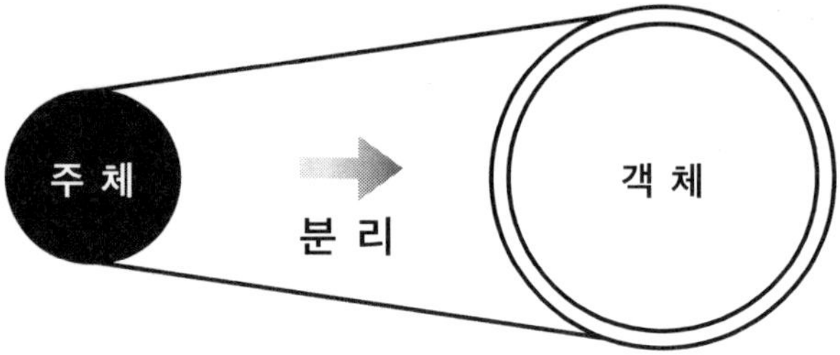

더 자세하게 예를 들면 '생각하고 있는 나'와 내 옆의 대상은 분리되어 있지만, 만약 생각하는 나와 주체인 나의 몸의 관계는 어떻게 생각해야 되는 것일까? 이 경우 무언가 이상해진다. 이러한 경우에도 생각하는 나와 생각하고 있는 나의 뇌를 분리해서 생각해야 하는 것일까? 이렇듯, 데카르트의 사고는 서양철학사의 합리성에 근거한 사고에 근본적인 출발점이 되었지만, 생각하는 주체와 그 외의 다른 객체 사이에서 의도적인 분리(대상화)로 인한 부작용도 나타나게 되었다. 이러한 문제점을 극복하고자 하는 사유는 이후 2권에서 현상학과 관련하여 자세히 설명하도록 할 것이다.

흔히 서양철학을 이분법적인 철학이라고 한다.

철학자 플라톤은 현상계를 이데아Idea의 복사물copy에 불과하다고 보았다. 그는 이데아의 세계를 참된 세계 혹은 불확실의 세계로 보았다. 잘 생각해보면 이러한 이분법에는 이미 어떤 것이 더 우월하다는 가치가 들어가 있음을 전제하는 것이다. 전통적으로 서양철학에서는 정신적인 것을 우월한 것, 물질적인 것이 정신계를 모방한 것이라는 위계관계를 설정하고 있다. 플라톤식의 이러한 배타적 이분법은 후세에 많은 영향을 주어 천국과 속세의 이원론, 영혼과 육체의 이원론으로 이어졌고, 이러한 전통 아래서 데카르트의 정신과 물질의 이원론이 나오게 된 것은 이것은 어떻게 보면 자연스러운 일일 것이다.

5. 주체와 객체의 분리 및 대상화

한편 이 시기는 중세적인 경제적 관념에서 벗어나서 시민계급이 서서히 부를 축적하고 그에 따라 자신의 목소리를 내기 시작한 때였다. 이른바 길드Guild조직 이후의 일반시민에 의한 자본주의적 성격의 성향이 본격적으로 성장하기 시작한 시기이다. 이렇듯 사회질서와 경제, 문화 및 정신세계 전반에 걸쳐서 근본적인 변화가 일어나기 시작했던 그 시기 이후를 우리는 근대Modern라고 부른다. 물론 근대라고 하는 시기를 어디서부터 보아야 할 것인가는 여전히 논쟁거리로 남아있기는 하다. 이와 관련된 문제는 사실 대단히 많은 지면을 할애해야 할 내용이므로 이후 주제에서 지속적으로 논의하도록 할 것이다.

1005 세계를 이해하는 주체문제(존재론)

전술한 바와 같이 데카르트 이후 사유의 근본이 되는 것은 바로 생각하고 있는 주체(일자一者: 나)와 객체(다자多者: multiple-나 이외의 다른 사람들이나 사물들)를 어떤 식으로 바라보는가가 핵심이다. 이것을 서양철학에서는 '존재론'으로 부른다. 서구의 철학자들의 경우 세상을 구성하는 존재관계를 어떻게 바라보는가에 따라 본인 만의 철학적 아이덴티티가 생기는 경우가 많다. 이렇듯 존재론과 관련하여 다양한 시각들이 있다.
먼저 데카르트와 같이 주체와 객체를 분리해서 사고하는 방법이 있다. 이것은 주체(정신)를 중시하고 그 이후 객체(물질)를 바라보는 시각이다.

6

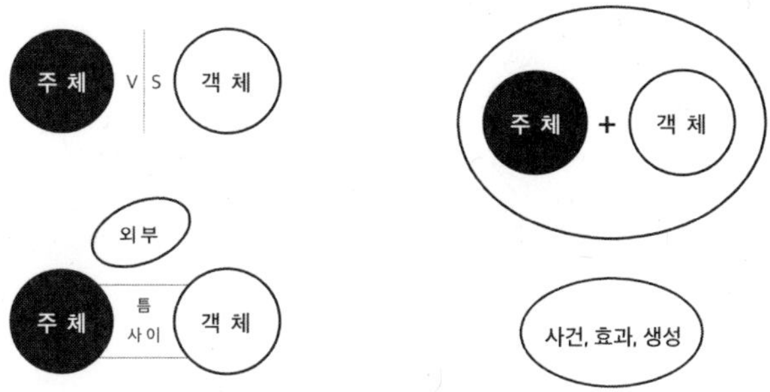

6. 주체와 객체를 사유하는 존재론의 다양한 관점

반대로 정신(주체)과 물질(객체)이 둘이 아닌 하나로 보는 시각이다. 흥미롭게도 데카르트 사유체계와 거의 동시대라고 보아도 무방할 정도의 시기에 스피노자라는 변종의 사고를 가진 철학자가 나타나 독특한 사고체계를 선보였다. 이 철학자의 사유를 살펴보면, 정신과 물질은 둘로 나눌 수 있는 것이 아니라 하나로 통합된 것이라고 생각했다. 약간 다르기는 하지만 라이프니츠라는 철학자 역시 비슷한 생각을 가지고 이러한 철학적 사유에 힘을 실어주었다. 그가 제시한 모나드monad라는 개념은 정신과 물질이 포함되어 차곡차곡 접혀져 있는 것이 펼쳐지고 접혀지는 운동을 계속하면서 변화와 창조가 이루어지게 된다는 사유이다.

다른 한편으로, 철학적 존재를 주체와 객체의 외부(사이)에서 찾는 경향이 있다. 달리 말하면 주체와 객체로는 설명하기 힘든 '사이'에 대한 생각을 강조했다. 앞서 언급한 두 사유체계 이후에 주체와 객체의 관계가 어떻게 되는가에 대해서 여러 가지 논의를 거치다가 현대에 들어서서 주체와 객체의 관계성을 따지는 것보다 주체와 객체의 사이 및 경계면 혹은 외부에 더욱 집중하여 기존의 철학사유에서는 사유하기 힘들었던 가능성을 탐구했던 철학담론이 있다. 데리다Derrida와 지젝Slavoj Žižek과 같은 철학자의 사고가 그런 사유에 포함된다고 말할 수 있다.

시뮬라크르

7. 사건과 생성의 시뮬라크르

또 한 가지는 주체와 객체를 완전히 벗어나 전혀 다른 것, 예를 들면 사건, 효과, 생성 이런 것들이 존재라고 생각하는 들뢰즈와 같은 철학자의 사유체계가 있다. 들뢰즈와 같이 기존의 이분법적 체계를 전복시키고자 하는 사유등이 포함된다. 철학자에 따라서 전혀 다른 듯 보이는 이러한 사유의 흐름 역시 주체와 객체라는 혹은 이데아와 복사물copy라는 이분법과 관련되며 내부 혹은 사이에서 사고하는 것에서 자유롭지 못하다고 비판하기도 한다.

물론 이 사유는 내부 혹은 사이에서 보는 시각의 연장선상에 있는 것으로 이해하기도 한다. 그러나 과감하게 기존의 주체와 객체의 관계를 벗어난 요소들이 만들어가는 사건 및 생성을 사유하고 그것에 대해 진지하게 고찰하는 것 역시 새롭고 의미가 있다.

주체와 객체 및 세계를 바라보는 기본개념에 대해서 처음 접하고 바로 이해하기에 약간 어렵다고 생각될 수 있으나 현 단계에서 주체라는 키워드와 관련된 존재론의 다양성이 존재하고 그것이 세계를 이해하는데 다양하게 도움을 준다는 점만을 우선 인식할 필요가 있다.

1006 철학의 주체문제와 건축과의 연계부문

앞서 살펴본 바와 같이 철학에서 주체와 객체의 문제(존재론)를 어떻게 볼 것인가를 중요하게 사유하는 이유는 무엇일까? 그것은 '철학'이라는 세계를 이해하는데 있어서 총체적인 시각을 제공하기 때문이다. 건축부문에 있어서도 주체문제와 관련하여 상당히 다른 양상의 내용들이 나타났다. 주체와 객체의 분리를 중시하는 흐름도 있었고 주체와 객체를 나누는 것에 대한 폐해를 극복하려는 움직임, 주체와 객체의 사이 혹은 틈새를 사고하여 표현했던 흐름, 주체보다는 사건, 생성, 효과를 중시하는 흐름 등, 상당부분 철학적 흐름과 그 궤를 같이 하고 있다. 시대를 이끄는 철학도 세계를 바라보는 관점이므로 시대와 같은 흐름을 보이게 마련이다. 당시의 주요사유의 흐름 역시 그 시대적 방향성이 직간접적으로 서로 영향을 주고받으면서 변화한다.

그러나 건축은 단순히 사유만의 대상이 아니며 인간이 직접 거주하고 사용하는 독특한 특성이 있는 분야이다. 또한 건축물 및 표현양상과 공간 등이 그 거주하는 사람을 대변하거나 상징하기도 한다. 이렇게 다양한 특성들이 나타나는 건축물이 지어지기까지는 상당히 많은 사람들이 개입되면서 물질화가 이루어진다. 또 지어지고 나면 단순한 사물이 아니라 인간과 같이 도시라는 큰 틀에서의 한 부분으로서 역할을 하기 때문에 관계에 있어서도 복잡성을 띠게 된다. 철학에서의 존재론과 완전히 대응되는 것은 아니지만, 건축이 이루어지는 과정에서 관련되는 각 주체actor 혹은 역할자player간의 작용방식에 따라 다른 결과물이 나올 수 있다. 또한 다양한 힘에 의해 영향을 받아 빚어지는 건축공간과 표현은 정치, 경제, 문화, 지역, 풍토에 따라 다른 결과물로 나타날 수 있다.

바로 위에서 언급한 이야기를 자세히 살펴보면, 건축분야는 다른 예술분야와는 달리, 다양한 주체와 외적변수에 영향을 받는다. 우선 건축설계를 의뢰하는 건축주(때로는 시행자)와 의뢰를 받고 건축물로 실현시켜주는 건축가, 건축관련 공무원(관료), 금융기관 및 보험관련 인원, 전문위원, 설계도대로 시공하는 시공자, 시공이 설계도대로 잘 되는지 감독하는 감리자, 그리고 지어진 이후에는 실질적으로 그 건축물에 거주하면서 공간을 사용하는 거주자 혹은 사용자 등으로 나뉘게 된다. 분야가 전문화, 분업화되는 현실을 고려했을 때 향후 참여자들actors들은 더 늘어나게 될 것이다. 건축물은 이렇게 다양한 주체들의 의견과 의도(정치적, 경제적, 문화적) 때로는 힘겨루기 및 의견조정을 거쳐 하나의 건물 또는 사물(객체)로 빚어진다. 최근에는 건축주, 건축가, 시공자라는 전통적이고 한정적인 관계에서 한층 더 발전하여 시행사, 각종 법인, 시공법인, 혹은 섞여있는 경우 등의 다양한 주체, 모호한 주체들이 관여하면서 더욱 복잡한 양상을 나타내고 있으며 더욱 전문화, 분업화되고 있다. 결과적으로 다양하고 복합적, 대규모적인 건축물들이 구축되고 있다. 더욱 복잡해진 주체들 간의 역학관계와 상호작용속에서 이전에 있었던 양상과는 전혀 다른 결과물이 나오고 있다. 전통적으로 시행사가 발주를 하여 건축가나 설계자에게 설계업무를 부여하는 방식도 변화되어 진화된 조직들이 나타나고 있다.

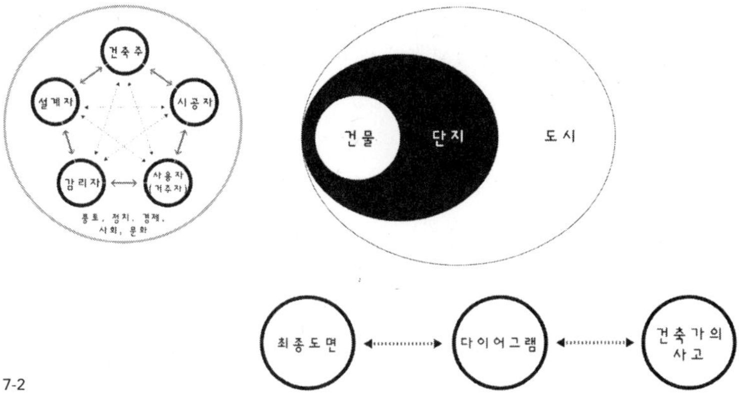

7-2

미국의 건축디자인 그룹 SHop은 전통적인 설계자의 역할 및 관점에서 더 나아가 대규모 건축물의 시행 및 시공을 직접 수행함으로써 디자인과 경제적 측면을 적절하게 고려한 작품이 나올 수 있는 가능성을 열었다. 경제성을 최우선적으로 하는 기존 시행사들의 부정적 측면의 사업방식에서 벗어나 디자인 마인드를 접목한 사업방식은 분명 다른 방향성과 가능성을 지니고 있다. 한번 지어지면 오랜 기간동안 사회에서 사람들과 도시구조에 영향을 미치게 되는 건축분야에서 경제성만을 최우선 가치로 했을 때 나타나는 부정적 요소는 그동안 많은 문제가 되어왔다. 다른 시각에서 접근하면서 만들어 내거나 기여할 수 있는 건축적 가치는 분명 존재한다. 따라서 이제 건축가들은 다양한 접근방식으로 새로운 가치를 창조해 나가야 한다.

7-2. 각 주체들의 관계

다음의 다이어그램은 SHop이 생각하는 자신의 역할에 대한 다이어그램이다. 앞의 다이그램을 살펴보면 전통적으로 클라이언트와 건축가와 시공자의 역할이 전적으로 나뉘어져서 그에 걸맞는 행위와 어울리는 협력자를 개별적으로 만나게 되어 있음을 확인할 수 있다. 다음의 다이어그램은 전통적 관습적 관계에서 더 나아가 업무영역이 경계를 넘어서서 기존의 영역에서 담당하는 부분까지도 공유함으로써 다른 사고와 관계맺기 가능해짐에 따라 효율성과 경제성에 있어서 새로운 잠재성을 만들어 낼 수 있는 관계의 분화를 보여주고 있다.

8. 디자인 그룹 SHop
9. SHop이 디자인하고 시행하는 뉴욕 대규모 디자인 프로젝트 사례

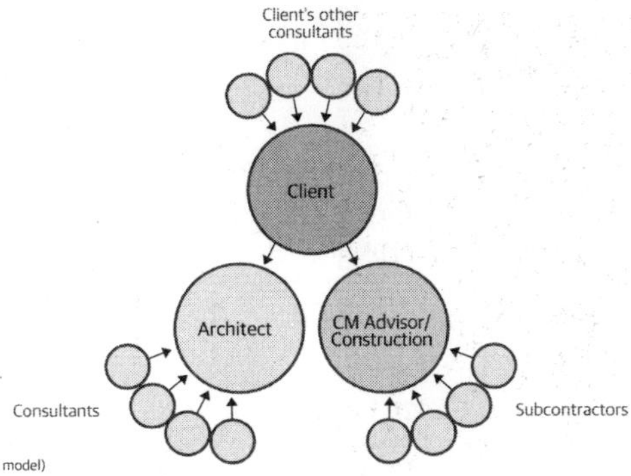

(Standard AIA Contract model)

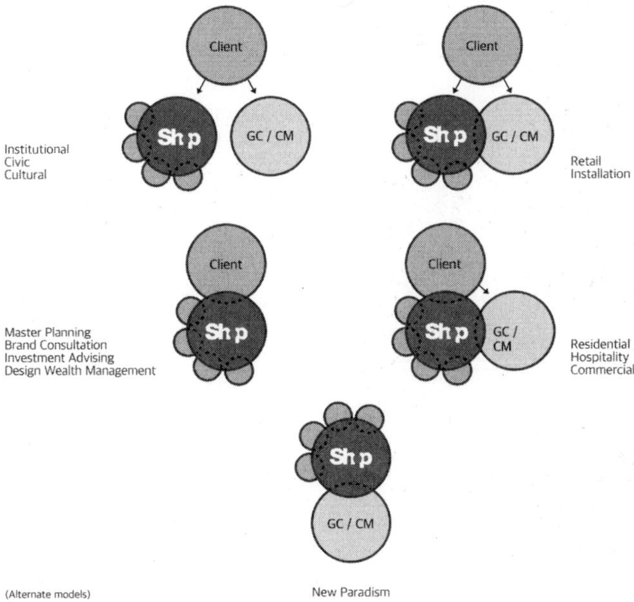

(Alternate models)

10. 전통적인 건축 player와 SHop의 진화된 Player역할,
SHop의 역할분화와 역할의 새로운 관계설정을 통한 진화과정.
전통적인 건축주와 설계자, 시공자의 관계에서 컨설턴트와 하도급자의 역할들이 융합되면서
새로운 관계망들을 형성하게 되고 더욱 효율적인 관계의 창조적 변종이 분기된다.

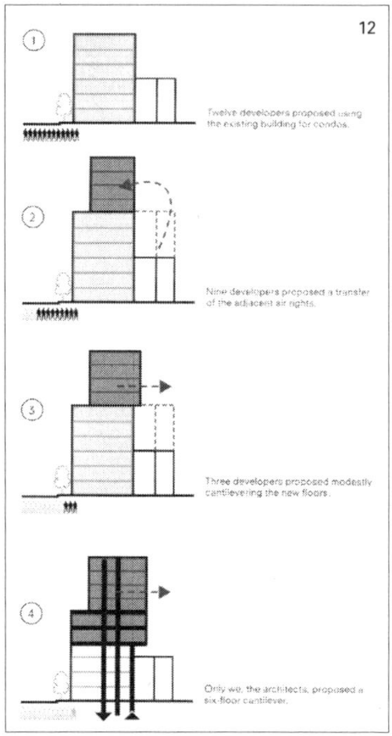

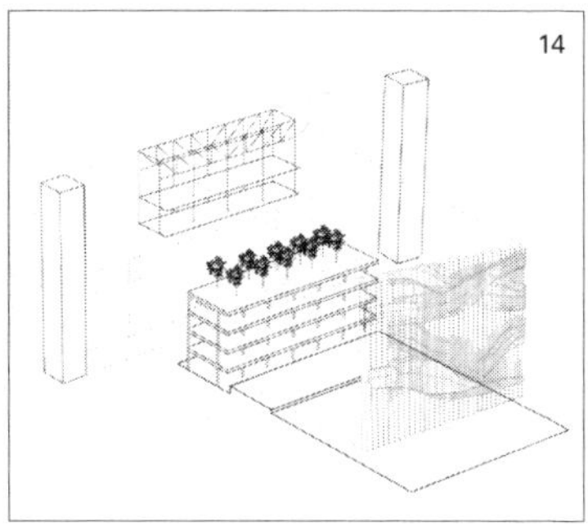

11. Porter House Project
12. 다이어그램
13. The East River Waterfront 프로젝트
14. 시행사로서는 드문 사례의 디자인된 외피 다이어그램

한편, 건축가의 작업측면으로 살펴보면, 생각(사고)과 실제 건축물 사이에서 어떤 방식이나 도구로 설계작업을 하느냐에 따라 전혀 다른 스타일의 공간 및 표현이 나올 수 있다.
그러나 이렇게 위에서 언급한 주체들간의 문제만 있는 것은 아니다. 설계하는 건축가는 물론 각 주체들은 어느 정도 건물에 직접적으로 영향을 미치는 지역의 풍토, 정치, 경제, 사회, 문화 등의 변수들을 고려하여 설계하여 가장 합목적적이고 기능, 구조, 미에 충실한 건축물을 설계해야만 한다. 따라서 건축가는 이러한 다양한 주체와 다양하게 변화를 가져올 수 있는 변수들 중에서 어떠한 것에 더 신경을 쓰는가에 따라서 전혀 다른 특성 및 표현의 건축이 나올 수 있음을 인식해야 한다. 이런 특성을 가지고 있기 때문에 건축물은 시대정신과 시대성을 지니는 산물이 될 수밖에 없다.

한편, 건립 주체가 아닌 지어지는 건물을 그 대상으로 했을 때에는 관계맺는 그 지역의 단지수준의 스케일, 더 넓게는 도시와 어떠한 관계를 맺도록 설계가 되어야 할 것인가? 건물의 배치와 인근지역과의 대응은 어떻게 할 것인가? 등의 문제가 더욱 중요할 수도 있다. 여기에서는 건물이 주체가 되고 단지와 도시가 대상 및 객체가 될 것이다. 한 건물이 주변의 단지나 지구, 더 넓게는 도시와 맺게 되는 관계를 어떤 방식으로 바라보는가에 따라서도 건축물이 지어지는 것을 달리 생각할 수 있을 것이다.

만약, 건축가가 도면을 그리는 과정을 고려한다면 건축가의 사고와 최종 도면을 주체와 객체로 볼 수 있을 것이다. 그것을 연결하는 스케치 내지는 다이어그램의 중간자적 역할이 현실에 구축되는 최종 도면에 어떠한 영향을 미치는가에 따라 다시 구축 및 표현의 방법론이 달라질 수 있다. 따라서 건축에 있어서 주체 문제는 철학적인 의미에서의 주체론과 존재론과는 다른 면이 많이 있지만 오히려 철학적인 문제보다도 더 다차원적인 복합성을 지니고 있고 방법론에 따라 나타나는 양태도 복잡다단한 측면이 있다. 그런 측면에서 건축은 어렵기도 하고 또 반대로 그만큼 흥미진진한 분야이기도 하다. 또 상황에 따라 건축가는 전지전능하기도 하고 또 무능하기도 한 존재이다.

머릿속이 매우 복잡해지는 느낌이 들 수도 있다. 건축가라는 직업은 결국 죽을 때까지 자신의 아이덴티티를 드러내며 자신의 초상화(작품)를 그리면서 사는 것으로 볼 수 있다. 건축가는 복잡다단한 외적 변수들 가운데 이러한 다양한 주체적 위치 혹은 사이에서 자신이 가장 잘 할 수 있고, 마음에 들고, 잘 표현할 수 있는 사유방식을 취사선택하고, 만약 능력이 된다면 새로운 사유방식을 만들고 잘 적용시켜 시대정신에 맞게 건축공간 및 디자인을 빚어내고 표현하는 것이다. 그런 능력을 지닌 사람이 훌륭한 건축가이자 디자이너로 성장할 수 있다. 이제부터 독자들은 시대적 철학적 흐름에 대해서 알게 되고, 동시대의 시대정신을 이해한 상태에서 문제의식을 통해 문제점을 개선시키면서 나름의 개성으로 공간을 구축하고 표현할 수 있도록 노력해야 될 것이다. 아울러 이렇게 균형잡힌 시각과 함께 자신의 의지를 가지고 자신의 작품에 적용할 수 있는 실마리를 찾아야 할 것이다.

대립적 사고와 변증법적 사고

1007 데카르트와 스피노자의 사고체계의 철학적 차이

데카르트는 신으로부터 독립된 사고를 시작한 철학자이고 중세의 사고를 극복한 철학자이다. 그는 의도적으로 주체와 객체가 완전히 분리된 이원론적 사고를 전파했다. 그의 사고에서 주체는 객체를 분리시켜 대상을 관찰하고 객관적으로 분석한다. 이러한 방법은 바로 과학과 실증주의에서 주로 사용하는 방법이다. 역시 이성적인 사고이고 합리성의 모태가 되는 사고체계임을 알 수 있다. 서구의 사고와 문화, 과학과 이성에 의한 발전은 모두 이러한 실증적 사고가 밑바탕에 깔려있었기 때문이다

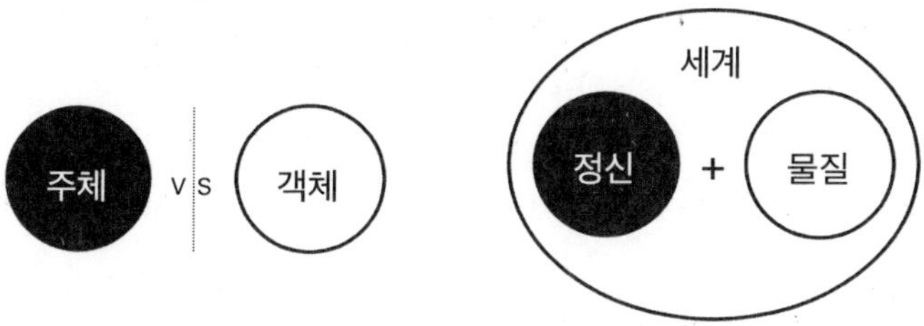

15

그런데, 데카르트가 살던 시기와 그다지 오래 지나지 않은 거의 동시대에 스피노자의 대립적 사고체계가 등장했다. 이른바 근대철학 최초의 '변종'이 거의 동시대에 나타난 것이다. 이 철학자는 생각하는 주체 즉, 정신과 객체 달리 말해 물질을 나누어서 생각한 것이 아니라 정신과 물질이 합쳐져서 나타

15. 데카르트의 이원론적 사고관과 스피노자의 통합적 사고관의 차이

나는 것이라고 생각했다. 우리는 이것을 조그마한 생각의 차이 정도로 느껴질 수 있다. 그러나 실제로 이것은 앞으로 살펴보겠지만 물질계로 구체화되게 되면 어마어마한 차이를 만들어 낼 수 있는 폭발력이 있는 차이이다.
이 사유는 그 당시로서는 매우 독특한 것이었다. 스피노자는 모든 사물과 개체에는 신의 속성이 들어가 있다고 생각했는데 이것은 약간 다르기는 하지만 일종의 범신론적(모든 사물에 신의 속성이 들어가 있다는 생각)사고라고 할 수 있다. 그는 세계에는 생성시키는 자연의 근본적 속성이 있고 그에 따라 만들어진 다양한 양태의 사물들이 존재한다고 생각했다. 이후, 자연의 생성의 속성의 일부가 변하여 존재하게 된다고 생각했다.[3)]

스피노자의 철학은 이후, 객관적 이성을 중심으로 하는 철학사조와는 달리 베르그송과 들뢰즈와 같은 독특한 사유를 전개하는 철학가들에게 지대한 영향을 미치게 된다. 거의 정반대의 사유체계를 내놓은 것이 시차가 그리 다르지 않은 거의 동시대였다는 것은 상당히 아이러니한 일이 아닐 수 없다.
한편, 라이프니츠는 모나드monad의 개념을 주장하면서 주름이 펼쳐지면서 생기는 시간과 역동적 펼쳐짐에 대해 주장했다. 라이프니츠 역시 스피노자의 사유에 영향을 받았는데, 그의 사유 역시 주체와 객체로는 설명하기 힘든 일종의 종합적 사고(물질+정신)를 한 결과라고 말할 수 있다.
라이프니츠적으로 다시 말해보면, 라이프니츠는 정신과 물질의 이분법적인 것이 통합된 것을 본체와 현상의 이분법적인 것으로 되어 있는 것으로 보았다. 이것은 같은 표현이나 마찬가지이다.
데카르트와 같은 형이상학자가 주체가 객체를 객관적으로 탐구하는 대상으로서 바라보고 분리시켜 사유하려고 했던 것과는 대조적이다. 중요한 점은 그는 이 둘의 관계맺음을 통해서 "접힘"과 "펼쳐짐"의 과정을 통해서 생성되는 것에 대해서 사유했고 이를 통해 본체와 현상의 이원론적인 접근인 것 같지만 결국 이 둘이 하나로 통합되는 일원론에 대해서 주장하고 있는 것이다.

3) 스피노자의 사고체계에서 알아두어야 할 것이 세계와 사물을 인식하게 되는 지식의 세 단계이다. 첫 번째가 우리의 오감을 통해 인지되는 감각적 지식으로 이것은 가장 낮은 수준의 지식이다. 두 번째로는 공통관념 지식으로 모든 사람들이 공통으로 인식할 수 있는 지식이다. 관습이나 책에서 얻는 지식들이 해당된다. 마지막으로 스피노자가 강조하는 직관지(직관적, 통합적 지식)이다. 이것은 직관과 공통관념지식이 합쳐져서 만들어지는 최고의 지식으로 신의 속성에서 개별사물들로 인식하는 것이 중요하다고 생각했다. 이렇게 데카르트와 거의 동시대에 있었던 스피노자의 사상은 상당히 다른 모습을 보여주고 있음을 알 수 있다. 건축에서도 이와 같은 상반된 부분들이 당시 존재하고 있다.

1008 변증법적 사고체계

다시 데카르트로 돌아와 서양철학에서 이성적 사유를 이야기하면서 다음 전개과정을 살펴볼 때, 헤겔의 변증법을 빼놓을 수는 없다. 독일 관념론의 완성체계의 결정판이 되는 변증법은 이후, 마르크스와 같은 유물론적 세계관에 영향을 주게 된다. 이러한 과정은 필연적으로 이성적인 사유의 산물로 나오는 과정이다. 따라서 변증법적 체계로 사고하는 것이 유행이었던 최고정점의 시기는 과학과 이성에 의해 이루어졌던 근대적 특성이 사회를 급진적으로 변화시켰던 시기와 일치하고 있다. 이 시기는 앞서 언급한 근대적 특성에 해당되는 이론적 체계가 완성된 시기와 일치한다. 데카르트의 합리적인 사유체계가 최정점에 이르렀다고 말할 수 있다.

'변증법' 이라는 단어를 떠올리면 반사적으로 중, 고등학교 때 정正, 반反, 합合을 배운 것이 기억날 것이다. 이것은 어떤 '정正'의 사고나 움직임이 있으면 반동적으로 이러한 정의 사고나 움직임에서 부족한 부분이 반사되어 나타나 반反이 등장하게 된다. 혹은 정이 너무 강하면 반동적으로 반이 생기면서 이것을 종합하여 합合이 되고 이것이 다시 하나의 '정'이 되고 거기에서 부족한 반대적 성향의 '반'이 나오게 된다. 이러한 과정을 매개과정이라고 한다. 이렇게 상반된 변화가 서로 연계되어 계속되고 정, 반, 합의 과정을 통해서 완성도를 높여나가게 된다. 이렇게 되면 과정을 통해서 하나의 발전된 곳으로 향하는 선적인 '방향성'이 생기게 된다. 따라서 변증법은 진보를 전제로 한 발전 방향성을 가지고 있는 방법론이라고 할 수 있다. 헤겔은 이러한 발전과정을 통해 인류역사의 발전이 이루어지게 된다고 보았다.

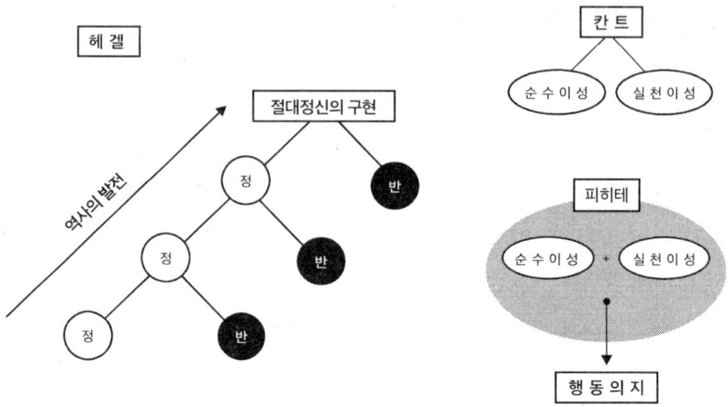

16

변증법의 본질은 모든 현상이 상호연계되어 변화 발전하는 것으로 이는 본질적으로 내적모순이 있기 때문으로 헤겔은 생각한다. 헤겔은 이렇게 발전하는 방향으로 끊임없이 진보하다 보면 결국 최종적으로 이른바 **'절대정신'**에 도달할 수 있다고 생각했다. 헤겔의 사고방식인 변증법은 이와 같이 발전하는 방향성과 목적성이 존재한다. 변증법적 사고관은 이성의 진보에 따라 최고선의 상태에 이를 수 있다고 주장하며 그러한 목적을 가지고 나아가야 한다고 주장한다.

이렇게 변증법적 체계를 완성시키는 데에는 독일 관념론이 지대한 공을 세웠다. 독일 관념론의 3대 철학자들은 칸트, 피히테, 헤겔 순의 계보로 발전해 나갔다. 칸트는 순수이성과 실천이성으로 나누어 무엇을 생각해야 하는지와 무엇을 행하여야 할 것인가에 대해서 이성적으로 분석했다. 이어 피히테는 순수이성과 실천이성을 나누어 사유하는 것이 아니라 한꺼번에 종합하

16. 변증법적 사유와 절대정신 그리고 독일 3대 관념론자의 방법론

여 사고해야 하며 이 두 가지가 합쳐져서 나오는 것이 행동의지라고 설파했다. 정, 반, 합의 움직임은 행동에 의해 실질적으로 변화되는 것이 그 동력이 되고 이것이 역사의 발전으로 이어진다고 보았던 것이다. 헤겔은 이러한 종합에 의한 변증법적 사유체계를 정립하고 정교화시켰다. 변증법은 이러한 궁극의 방향으로(방향성을 지니는) 발전을 이루게 하는 원동력이었다. 이후 살펴보게 될 마르크스의 이론은 관념보다는 물질을, 이론보다는 실천을 중시하는 사유로 인류에 지대한 영향을 끼치게 되는데 그러한 사유는 발전의 방향성이라는 사유의 전통을 지닌 독일 관념론에 계보를 잇고 있다.
칸트는 순수이성비판과 실천이성비판에서 이성의 축복으로 생각하는 과학기술에 대해 정당한 권위를 부여했다. 다만 과학기술에 내재될 수 있는 이기심을 극복하기 위해 이론적 이성과 함께 양심적 실천 이성을 사회도덕적으로 결합해 실천해야 함을 요구했다. 두 개의 상반된 질서를 통합시켜 인간철학으로 해결하고자 했던 것이다.[4)]

모던은 이성과 자본적 발전(이기심과 자유경쟁의 고취)을 통해 인류의 생활을 완전히 뒤바꾸어 놓을 새로운 구조를 만들어낼 수 있었고 야만적 상황을 벗어날 수 있었다. 그러나 이미 그 안에 내재되어 있는 끔찍한 폐해적 요소들을 행할 수 있는 가능성까지도 부여했다는 점이 문제였다. 신이 에덴동산을 만들었지만 동시에 금단의 사과를 중앙에 두어 금지하게 했던 것과 마찬가지다. 인간은 항상 그 앞의 선택에서 고뇌한다. 칸트의 순수이성비판과 실천이성비판이 인간의 이율배반적인 상황을 잘 드러내는 장면이다. 이와 같이 모더니티의 특성과 모더니즘적 속성은 잘 사용하면 천국과 같은 긍정적 변화를 가져올 수 있지만 동시에 잘못 사용하면 2차 세계대전과 같은 지옥과 같은 상황도 가져올 수 있다는 점에 문제가 있는 것이다.
이제 공산주의가 몰락하고 이데올로기의 시대가 종식되고 난 이후 모든 것이 자본의 문제로 귀결된 현재, 바야흐로 경제적 이성과 도덕적 이성의 갈등

4) 칸트는 이렇게 상반된 것을 매개로 하여 변증법적으로 통합시키고자 했다.

및 투쟁의 시대가 전개되고 있다. 이것이 이분법적 서구 모더니티와 모더니즘의 특징이다.

1009 진보사관과 제국주의적 경제발전의 정점

헤겔의 절대정신(목적론적-방향성이 있는)의 사고체계는 산업혁명 이후의 경제적 발전(자본가의 성장), 시민계급의 성장, 계몽주의의 발전, 시민혁명 등의 사회현상과 밀접한 관련을 맺고 있다. 이것은 데카르트 이후 이성에 대한 절대적 신임 및 과학에 대한 절대적 신임과 발전을 채택한 것과 무관하지 않다.

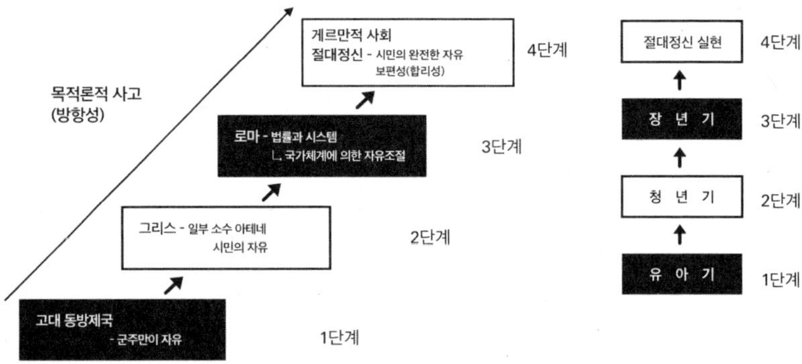

17

변증법은 절대정신이라는 목적에 이르기 위한 사고체계라고 언급한 바 있다. 즉, 여기서 절대정신의 '목적'은 달리 말해 일반 시민들의 '자유'이다. 모든 시민이 최고의 자유를 누리는 지점에 이르렀을 때 비로소 절대정신이 실현되었다고 생각하는 것이다. 헤겔은 그러한 절대정신이 구현되는 단계를 네 가지 단계로 보았다. 첫 번째는 '고대 동방제국'이다. 이 시기에 자유는 엄밀히 이야기해서 한 나라를 통치하는 군주만이 절대적 자유(진정한 주체)를 누렸던 시기이다. 그 외의 사람들은 모두가 주체가 아닌 노예나 다름없었다.

17. 변증법의 절대정신과 목적론적 방향성

이른바 자유의 '유아기'이다. 두 번째로는 고대 그리스 사회이다. 철학은 사유의 정당성을 인정받고자 하는 일종의 투쟁이므로 항상 당파적이고 논쟁적이다. 당시의 사회에서는 잘 알려진 바와 같이 비약적인 인문학적 발전과 함께 시민들 사이의 자유로운 정치토론이 이루어졌다. 모든 사람들이 정치에 참여할 수 있었던 것은 아니다. 불완전하기는 했지만 그것은 일부 소수의 선택받은 아테네 시민만이 누릴 수 있었던 자유이다. 상대적으로 많은 자유가 허용되었으며 전제군주시기에 비하면 많은 발전을 이루어 낸 것이다. 이제 자유의 유아기를 지나 청년기에 진입하게 된 것이다. 이후 고대 로마시기에는 상당한 변화와 발전이 이루어지게 된다. 물론 이 시기에도 '황제'라는 절대 권력이 있기는 했지만 자유는 '법률과 시스템'에 의해 일반 시민이 상당정도 자유를 허락받고 조절할 수 있는 체계로 발전하게 되었다. 이른바 국가체계가 개인의 자유를 조절할 수 있는 장년기에 도달하게 된 것이다. 헤겔이 생각한 네 번째 단계는 '게르만적 사회'로서, 이 단계에 이르게 되면 최고의 자유를 누리게 되면서 개인이 전체 사회의 보편적이고 합리적인 의지에 따라서 행동하게 된다고 설정했다. 헤겔은 이 시기에 이르러 모든 시민들이 자유를 온전하게 누리고 완벽한 체계에서 자유가 실현될 수 있다고 본 것이다. 헤겔의 사고는 절대적 자유의 절대정신으로 진화해나가는(방향성이 있는) 목적론적이고 체계적인 사고이다. 이제 헤겔의 절대정신과 변증법적 과정이 역사를 중시하는 목적론적인 과정이라는 것을 인식할 수 있을 것이다.

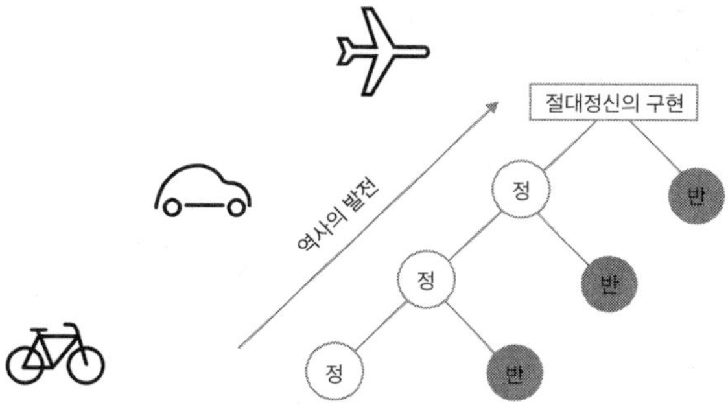

18

18. 역사의 발전에 따른 변화양상

헤겔은 변증법적 방법론을 통해 칸트의 순수이성과 실천이성 사상을 역사철학적으로 통합하려고 하는 의도를 기획했다. 그러나 그 방법론은 실패하고 말았다. 순수이성과 관계된 자본적 과학기술주의와 실천적 도덕적 이성이 주가 되었던 사회주의적 실험은 결국 엄청난 사회적 대립과 투쟁을 불러일으켜 인류의 커다란 비극으로 귀결되었다.

앞서 프레임에 넣는 과정의 폭력성에 대한 단점을 이야기했듯이, 헤겔이 꿈꾸었던 이상적인 세계에 대한 희망을 담고 있지만 그것에 내재되어 있는 폭력성 또한 어렴풋이 짐작할 수 있을 것이다. 다음 주제에서 살펴보겠지만 제국주의와 1차, 2차 세계대전의 참혹한 결과는 서구의 이성적 사유가 만들어낸 어두운 그림자였다.

PART 2

건축의 합리성과 낭만성 분류

이성의 분류체계와 변증법적 변화

근대이성의 출발은 데카르트였고 실증적/합리주의적 방식을 기반으로 하여 역사의 발전을 이루는 변증법적 방법론은 학문영역에도 영향을 크게 미쳤다. 건축분야에서는 합리성과 낭만성을 중심으로 매개적 방식을 이용하여 역사적 발전을 이루어나가는 분류방식이 보편화되었다. 그러나 손쉬운 이러한 방식에는 여러 가지 근본적인 문제점을 안고 있다.

1010 건축의 합리성과 낭만성 분류 경향

건축역사를 공부해보면 가장 보편적이고 손쉬운 분류방식은 합리성과 낭만성이다. 이것은 건축역사 뿐만이 아니라 조형과 관련된 다양한 학문분야에서도 마찬가지이다. 그것은 가장 보편적이고 손쉬운 분류방식이면서 한편으로 변증법적 분류체계와 밀접한 관련성이 있는 방식이다. 합리성과 낭만성은 인간의 가장 보편적인 양극적 특성이라고 볼 수 있다. 우리는 이러한 분류방식을 예술분야에서 아폴론적인 것과 디오니소스적인 것의 상대적인 것으로 언급하기도 한다.

태양신인 아폴론은 밝고 논리적이고 반복적이다. 태양은 아침에 동쪽에서 떠서 서쪽으로 정확한 시간에 맞추어 지는 특성을 지니고 있다. 시간은 나누어 분류할 수 있고 이성적으로 분석할 수 있다. 이처럼 태양은 밝고 항상 규칙적이고, 예측가능한 이성적인 특성이 있다. 반대로 디오니소스는 어두움의 대명사, 술의 신이다. 매우 감정적이고 즉흥적이다. 인류에게는 정도의 차이는 있으나 누구나 이러한 양면적 특성이 공존하고 있다.

건축적으로 생각해보면, 합리성에 해당되는 건축은 르네상스 건축과 같이 수학적 비례가 기본이 되어 대칭적이고 황금비례로 디자인되어 있는 합리적 특성이 강조되는 건축물이다. 반면에 낭만적 건축은 바로크 건축과 같이 통

19

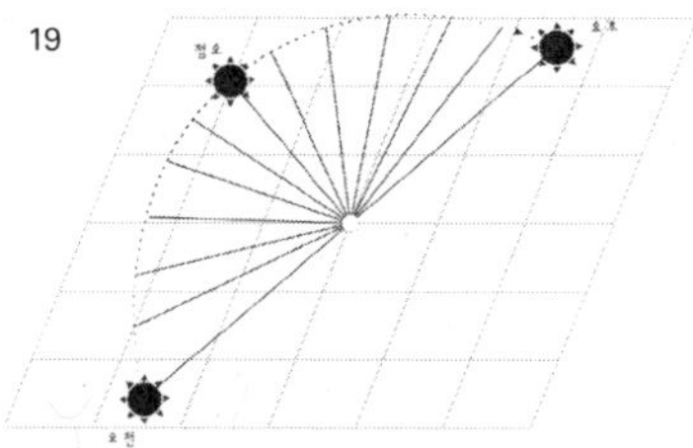

20

21

22

23

19. 아폴론적인 이성적 분석적 해의 움직임
20. 아폴론 조각상
21. 디오니소스(술의 신)

22. 알베르티, San't Andrea 입면
23. 성 카를로 알레 콰트로
폰타네 성당, 로마, 베르니니 설계

합적이고 다양한 표현장식이 첨가되어 있는 파토스pathos(정념, 충동, 정열)적 건물이라고 말할 수 있다. 보통 인간에게는 동전의 양면처럼 두 가지의 특성이 동시에 내재한다. 다만, 어떤 성향이 더 강한가, 그렇지 않은가의 차이가 있을 뿐이다.

보통 건축을 합리성과 낭만성으로 구분하여 나누는 것이 건축분야의 다양한 양상을 가장 이해가 빠르고 분류하기가 쉽게 할 수 있는 방식이다. 상반된 대립적인 특성들이 융합하며 발전하는 것들을 분류하는 방식은 변증법적 방법론이다. 그러나 이 방법론은 쉽게 분류할 수 있는 만큼 한편으로는 이미 언급한대로 위험한 측면도 있다. 프레임 속에 억지로 끼워맞추는 행위들이 정당화될 수 있는 것이 문제가 된다. 단점으로 생각되는 이유는 분류체계로 분류될 수 없는 것까지도 그러한 기준으로 억지로 끼워 맞추려는 행위에 의해 실제 특성과 의지와는 상관없이 어떤 범주에 쉽게 포함될 수 있기 때문이다.

예를 들어 어떤 사람이 술을 잘 마시고 시를 읊고 놀기 좋아하는 사람이 있는데 단순히 그 사람을 낭만적인 사람이라고 분류하는 사례가 있다고 가정해보자. 이 사람이 만약 수학도 상당정도의 실력이 있고 논리 능력도 뛰어나다면 어떻게 분류해야 하는 것이 옳을까? 어떤 한 주체가 분류를 했는데 사

24. 합리적 건축계열 삽화
25. 낭만적 건축계열 삽화

실 그 분류가 맞지 않는다면 어떨까? 이런 측면에서 생각했을 때, 이 사람을 생각하는 한 명의 주체에 의해 '어떤' 사람으로 쉽게 단정적으로 분류하는 것은, 경우에 따라 매우 폭력적인 것이 될 수도 있다. 건축의 경우도 마찬가지이다. 변증법적 분류체계는 건축을 해석하는 역사학자의 관점에 따라서 매우 폭력적인 분류가 될 수 있는 위험성에 항상 노출되어 있다.

1011 서양건축의 변증법적 변화과정

서구의 건축적 변화과정으로 이것을 살펴본다면 르네상스 건축(합리적)→매너리즘 건축(과도기적)→바로크 건축(낭만적)→로코코 건축→신고전주의(합리적) 건축→산업혁명시대의 구조적 건축→모더니즘 건축→포스트모더니즘 건축 등의 순으로 변증법적인 방식으로 변화하면서 발전해나가는 방식을 손쉽게 설명할 수 있게 된다. 이 방식을 사용하면 세상의 변화 방식을 이해하기도 쉽고 분류하기도 쉬우며 합리성과 낭만성이 순환하거나 교차하면서 발전해나가는 방식에 쉽게 수긍할 수 있게 된다.
이처럼 변증법은 거대한 체계이다. 달리 말해 역사적 시각에서 발전을 설명할 수 있는 일종의 틀(프레임)이다. 역사상의 모든 상황이나 사건들을 이러한 분류기준에 맞추어 끼워넣어 분류할 수 있게 된다. 매우 편리하고 효율적이고 신속하다.

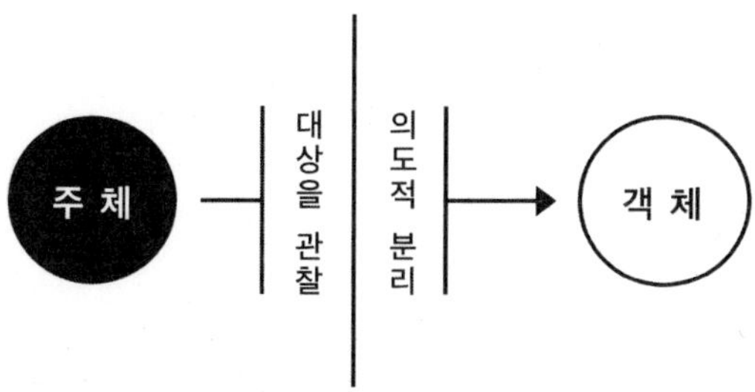

26

26. 의도적 대상화와 분리

그러나 변증법적 프레임으로 끼워 맞추는 변증법에는 두 가지 커다란 단점이 있다. 이것을 우리는 데카르트가 주창했던 의도적으로 주체와 객체를 분리하여 대상화시키는 사고방식이 그대로 계승 발전되면서 심화되었다고 생각할 수 있고 또 한편으로는 의도적으로 틀에 끼워 맞추게 되었다고 생각할 수 있다. 건축적으로 생각하면 다양한 외적 변수에 대응하여 빚어지는 건축적 사건을 단순히 외관에서 보여지는 단순한 양태에 따라 구분하고 분류하는 것에 머무르는 수준 정도로 그칠 가능성이 있다고 볼 수 있다. 건축이 표현되고 물질화되기 이전에 그 건축물을 만들기 위해 벌어지게 되는 정치, 경제, 사회적, 문화적 움직임에 대해서는 별 관심이 없이 단지 형태만을 가지고 분류기준을 삼고 시대를 구분하는 우를 범하기 쉽기 때문이다. 실제로 서양 근, 현대 건축사 서적을 살펴보면 이러한 방식이 주가 되어 근대건축을 기술하는 경우가 많다.

그러나 건축은 다양한 주체와 외적 변수에 의해 구축되는 것이므로 이러한 변증법적 분류방식에 얽매이면 양식적 변화 이전에 양식을 변화하게 만든 이면의 근본적 힘과 외적변수에 대한 배경 고찰이 부족해질 수밖에 없는 단점이 있다. 변증법적 프레임 구분을 볼 때에는 항상 그 점을 유의하는 것이 바람직하다.

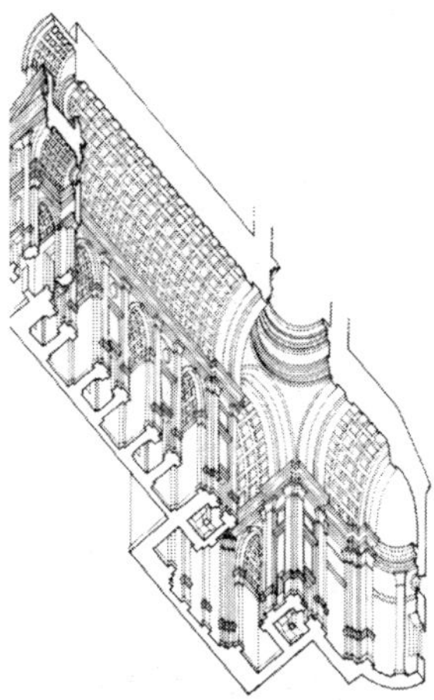

27. 알베르티, San't Andrea 내부 다이어그램
28. 알베르티, San't Andrea 포티코 디테일

1012 르네상스 및 바로크 건축과 철학사유의 유사성

르네상스 건축과 바로크 건축을 살펴보면 대립적인 사유로부터 물질화가 어떻게 진행되는지 인식이 가능하다. 이 두 사조의 건축물들을 비교해보면 상당히 대조적임을 확연하게 감지할 수 있다. 일단 르네상스 양식의 건물은 황금비례와 비율, 정확한 좌우대칭 등으로 인해 심리적으로 안정적인 외관을 보인다.

외부에서 보이는 바와 같이 모든 공간은 예측가능하고 외관에서 내부를 상상할 수 있으며 실제 상상한 그대로 내부공간의 체계가 외관의 구조와 일치되게 구축되어 있다. 즉, 내외부의 모든 구조와 공간과 표현이 이성적인 수학적 규범과 법칙에 의해 지배되고 있는 것이다. 이것은 완전한 합리성과 이성중심의 체계가 물질화로 실현(현시)된 것이다. 이것은 다른 말로 하면 예측가능한 이성적인 '아폴론적 건물'이라고 말할 수 있다.

예측가능하다predictable는 것은 근대 이성에 있어서 매우 중요한 부분이다. 이것은 이성적, 논리적으로 설명이 가능하며 예측한 그대로 실행이 된다는 뜻으로 아폴론적이고 예외가 있을 수 없다는 것이다. 이것은 달리 말해 논리적, 시스템적인 단어로서 근대의 특성을 함축하는 키워드로 생각할 수 있다.

팔라디오가 설계한 빌라 로툰다는 르네상스 중심형 공간의 이상을 주택에 실현한 사례로 볼 수 있다. 이 주택의 평면형태는 정방형으로 구성된 기하학적 형태이며 동서남북에 맞추어져 있는 십자형 통로와 중앙의 둥근 돔 형태가 결합된 공간의 명쾌한 구성이다. 보통 주택에는 십자형 평면을 쓰지 않는 것이 일반적이다. 그러나 4면에서 접근할 수 있는 기단과 포티코 입면 및 돔처럼 보이는 콘형태의 중심은 이성의 순수함과 간명함을 드러내는 표현을 하고 있으며 이후 고전적 건물과 주택에서 많이 모방하는 사례가 되어 서양

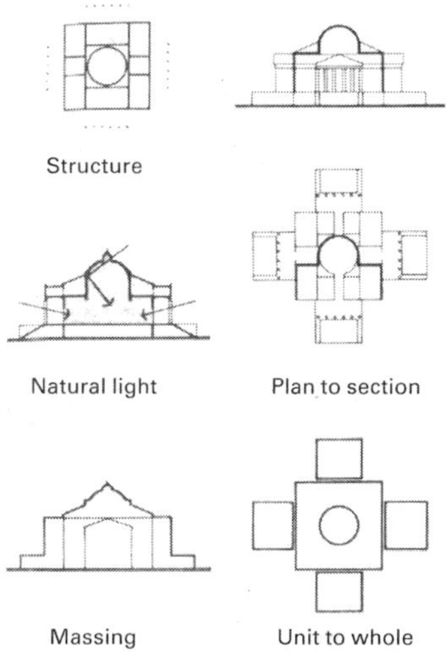

30

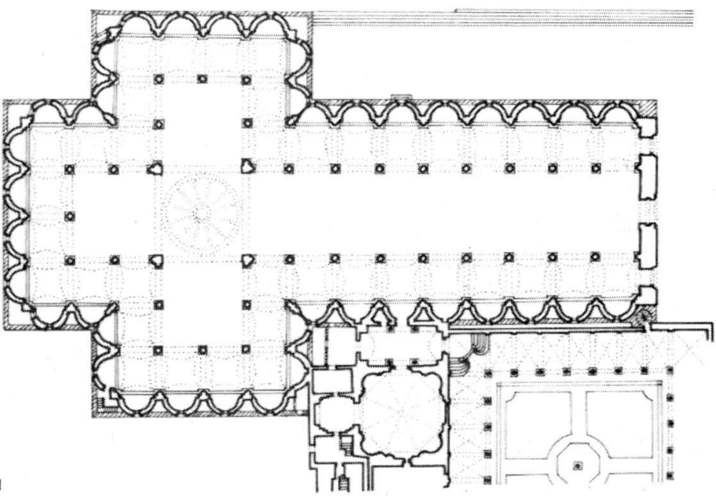

31

29. 팔라디오, 빌라 로톤다(빌라 카프라), 비첸짜, 1550-1554년경
30. 르네상스 건축물의 균형과 비례의 조화, 다이어그램
31. 브루넬레스키,Santo Spirito평면

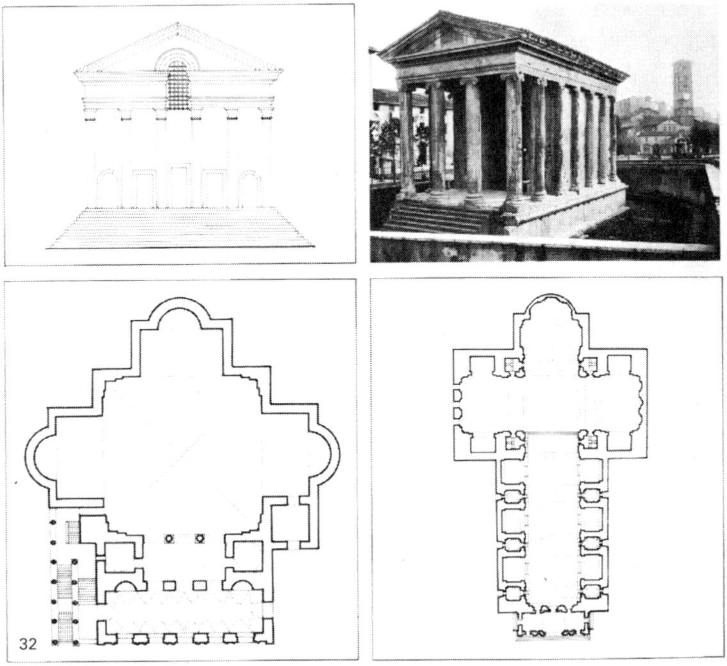

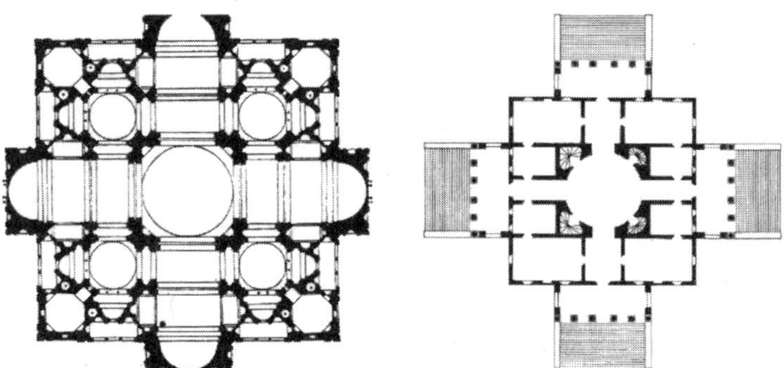

33

32. Mantua의 르네상스식 건축물의 좌우대칭평면 및 입면
33. 팔라디오, 빌라 로톤다(빌라 카프라), 비첸짜, 1550-1554년경

건축의 역사를 통합시켰다는 평가를 받고 있다.

이 주택은 인간의 이성으로 지배되는 기하학적인 다이어그램 속의 물질과 공간이 명확하게 인식되고 지배되며 외부 풍경마저도 이성에 의해 명확하게 배치된다. 이른바 1인칭 시점의 건축공간이다.

34

근대 회화에서의 주요한 변화중 하나는 원근법과 1점 투시도의 발명이다. 데카르트적 사고방식이 회화에 투사되어 발전한 투시도 기법은 과학적인 방식으로 공간감을 부여하고 바라보는 주체의 시각을 절대화한다. 팔라디오의 주택역시 1점 투시와 비슷한 중앙집중형의 평면이고 네 방향의 모든 부분이 중앙에 집중되는 구조로 되어 있다. 즉, 중앙에서 주체의 시각으로 360도 모든 시점을 장악하고 있는 것이다.

르네상스 시기에 브루넬레스키는 인류 최초로 플로렌스 성당의 돔을 2중 쉘 구조를 사용하여 경량으로 구축하였으며 구축과정에서 장비에서의 한계를 넘어서서 혁신적인 다른 새로운 장비를 사용하여 만들어냈다. 또한 르네상스 시기에는 이성적인 사고를 통해 합리적이고 선구적인 건축문화를 창조하기 시작했던 시기였다. 그는 고전적 축조방식에서 벗어나 기본 모듈에 의해 공간을 구성했다. 이 또한 이전 시기에는 보기 힘들었던 분업적 생산방식이 본격적으로 시행되기 시작했다. 이른바 근대적 분업화로 구축된 건축물인 것이다.

34. 라파엘의 아테네학당의 1점 투시도 기법

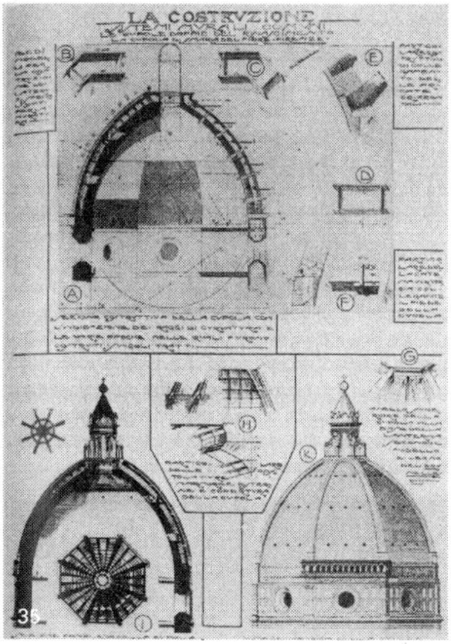

35

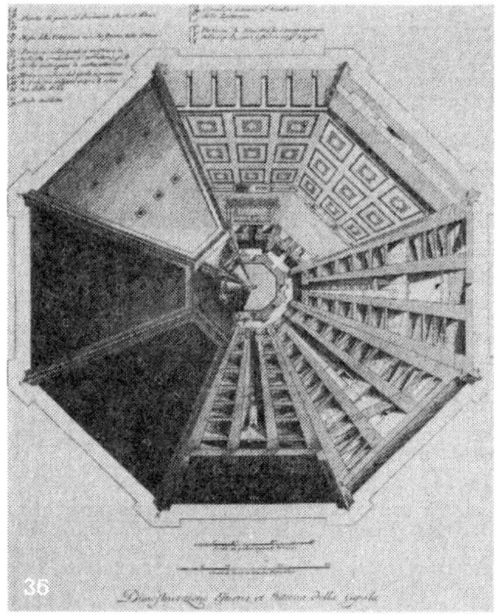
36

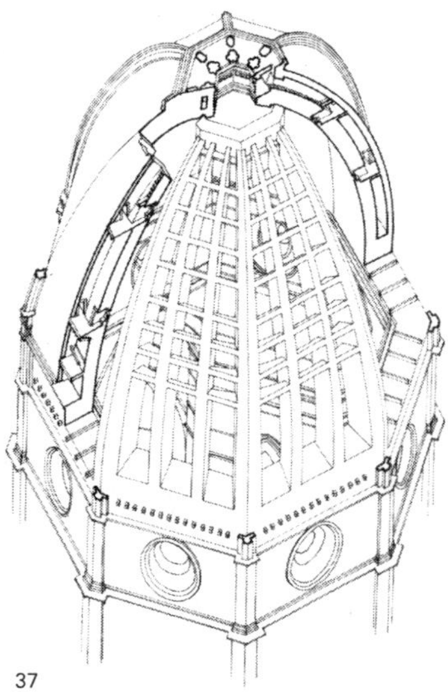
37

38

39

35, 36, 37. 플로렌스성당 첨탑의 도해
38. 브루넬레스키의 플로렌스 성당 단면
39. 플로렌스 성당 전경
첨탑부분의 하중을 줄이기 위해 상대적으로 경량의 뼈대를 구축하고
외피를 덧입히는 이중 쉘구조라는 이성적, 합리적 방법을 채택했다.

–파찌Pazzi 채플

또한 브루넬레스키가 계획한 파찌 채플의 경우, 중앙집중형의 이성적 구조 및 배치와 함께 입면에서는 개선문과 돔의 형태가 결합된 것과 격자로 된 모듈의 형식을 보여주고 있다. 이 건축물 역시 르네상스 시기의 건축물의 보편적인 특성인 외부에서 상상한 그대로의 공간이 내부에서 펼쳐지고 있다. 상부는 드럼과 콘이 결합되어 있는 특이한 형태를 취하고 있다. 이 건축물은 격자로 된 모듈화의 수학적 체계가 이루어지고 있다. 중앙에는 아치가 연장된 배럴 볼트로 되어 있다. 내부에는 blind Arch 문양이 있다. 평면은 변형된 중앙집중형으로 구축되어 있다. 파찌 채플은 후대에 증축된 나르텍스 부분에 중앙집중식 평면의 개념이 실체화되어 있는 구조물이다. 채플의 비례와 공간은 조화를 이루고 있으며 색채는 명료하고 단순하다. 결론적으로 이 건축물은 총체적인 이성적, 합리적 질서를 만들어낸 훌륭한 작품이다.

또한 이시기의 뚜렷한 특징으로 볼 수 있는 브루넬레스키의 1점 투시도법은 바라보는 관객 및 생각하는 사람의 세계를 대변하는 매우 1차원적인 시각을 강조한 것이다. 1차원적인 시점에서 강조하는 도시의 풍경은 생각하는 주체를 강조하는 근대정신의 산물임을 간파할 수 있다. 1점투시도에서는 모든 시각이 바라보고 있는 1인칭에 집중되며 대상은 모두가 1인칭을 중심으로 대상화된다.

이처럼 르네상스 건축은 합리적, 이성적 방식으로 대상을 재단하고 주체적 시각으로 대상을 장악하고자 하는 의도가 반영된 결과물이었다.

40. 필리포 브루넬레스키, 성 크로체 성당의 파찌채플
41. 파찌채플의 내부
42. 파찌채플 디테일

–팔라쪼Palazzo

이 시기의 팔라쪼 건축은 신흥 자본을 쌓은 세도가의 중정형 저택의 형태로 굳어지게 되었다. 팔라쪼 건축은 완벽한 좌우대칭을 이루며 로마의 콜로세움에서 보여지는 바와 같이 상부로 올라갈수록 작아지는 층의 비율로 인해 경쾌한 상승감을 보인다. 대부분의 팔라쪼는 입면상에서는 각 층의 비율과 창의 개구부 및 요소들의 비례 등이 황금비례로 구성되어 안정감을 느낄 수 있도록 계획되어 있다. 이를 위해 저층부는 돌을 쪼아서 육중하고 거친 질감으로 만드는 러스티케이션 기법rustication으로 외관이 장식되어 있어서 층의 벽면은 표면을 거칠게 다듬은 돌을 쌓아 올라가고, 2층은 평면으로 다듬은 돌을 규칙적으로 쌓아 올라가며, 3층은 평면의 미장바름벽으로 완성함으로써 1층의 장중莊重한 상층부로 올라갈수록 인상이 점진적으로 경쾌하게 변화되도록 계획되어 있다. 최상부에 육중하고 장식적인 코니스를 놓아 시각적으로 덮개로서 작용하면서 상승감을 더하면서 느낄 수 있도록 계획되었다. 이러한 방법론은 가문의 기풍, 힘, 위엄 등을 돋보이도록 극대화시켰다.

곧 팔라쪼는 이탈리아의 소도시의 발전가운데 특히 대상인의 부가 집중되고 권력이 높아지면서 나타나게 된 저택 유형이 되었다. 당시 플로렌스에는 21개의 길드체계가 있었으며 7개 가문Great Family이 지배하고 있었는데 그 시기에는 정치적 불안이 자주 발생했기 때문에 그러한 폭동에 대비하는 가운데 성채와 같은 형태로 굳어지게 되었다.
팔라쪼palazzo라는 의미는 궁전palace이라는 뜻이며 신흥자본세력에 버금가는 권력을 향유하게 되었음을 의미한다. 이탈리아에서 이 건물은 전형적인 가로형 건물street palace로 계획되었다. 이렇게 팔라쪼라는 건축유형은 외부의 폭동에 대비하여 내부화된 방향으로 발전되었다.
건축공간구성과 표현은 모두가 르네상스 정신에 입각한 합리적, 이성적 방식임을 확인할 수 있다.

43. Strozzi 팔라쪼 중정
44. Strozzi 팔라쪼 전경
45. 메디치-리카르디 팔라쪼 가로측 외관

–알베르티Leon Battista Alberti 와 브라만테Donato Bramante의 건축

알베르티의 경우, 플로렌스의 성 마리아 노벨라 성당은 신전의 전면부 디자인과 개선문의 아치를 결합시켜 변형시켜 나가면서 완벽한 대칭, 기하학적 구성, 황금비례의 적용을 통해 최대한 이성적인 구성이 될 수 있도록 세심한 노력을 기울였다. 이러한 표현체계는 르네상스 건축의 기본적인 구성방식이 되었다.

특히, 브라만테의 템피에토의 경우, 르네상스 건축의 이성적인 특성이 극대화된 모델이 되었다. 이 건축물의 모든 요소들은 완벽한 황금비례 체계에 의해 구성되어 아름다운 비례감을 보여준다. 이 건물의 열주와 돔이 병합된 양식은 이후 고전건축 양식에서 돔 상부의 요소로 계속해서 쓰이면서 반복 재생산되는 만큼 통일성과 균일감과 완벽한 비례감이 이성적으로 구현된 하나의 전형典型으로 여겨지고 있다.

–보로미니Francesco Borromini의 성 카를로 성당

르네상스 시기의 건축구성방식이 좌우대칭의 병렬juxtaposition적인 배치 및 형태였다면 바로크시대에는 상호관입interpenetration과 중첩superimposition이 주요한 키워드로 작용한다. 바로크 건축의 대표적 작품중 하나로 보로미니의 성 카를로 알레 콰트로 폰타네San Carlo alle Quattro Fontane 성당의 경우, 외부와 내부공간이 분리되지 않고 둘 사이의 유동적인 느낌이 전이되는 느낌으로 표현되고 있다. 이 건축물은 이후 표현적인 경향의 건축가들에게 많은 영감을 주었다. 이 건축물들은 원형과 직선에 의한 배치들이 훌륭하게 통합되어 있다. 성 카를로 성당은 네 코너에 위치한 요소들의 인상을 극대화시키기 위해 코너에 면과 니치를 두고 샘을 배치하는 방법론을 사용했다. 코너의 전면에 특이한 샘을 배치하다보니 파동치는 파사드와 함께 두 가지의 파사드를 가지는 특이한 사례이다. 정면에서부터 내부까지 이어지는 곡선들은 하나로 이어지며 유기적으로 파동친다.

내부는 그릭 크로스greek cross[5] 의 평면형태를 보이고 있으며 상부는 마치 식물의 세포를 보는 듯 한 타원형의 돔과 같은 형태로 되어 있고 네 부분에서 빛이 유입되어 강렬한 동적인 느낌이 들고 있다. 내부 및 상부의 장식은 마치 파낸 것 같은carved out 조소적인 공간을 보여주고 있다. 이렇게 내외부적으로 모순되거나 전혀 다른 듯한 파동치는 요소들이 매우 유기적으로 통합되어 있다는 것이 이 작품의 미덕이다.

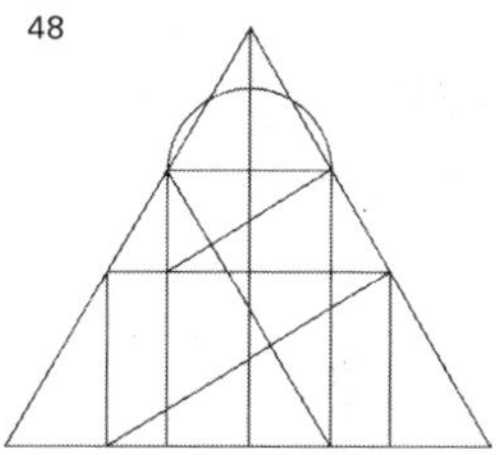

5) 4지(枝)의 길이가 동일한 십자가 또는 그런 형(形)의 모양을 말한다.
원어 Croix grecque(프랑스어), Griechisches Kreuz(독일어)

46. 도나토 브라만테의 템피에토 전경
47. 도나토 브라만테의 템피에토 스케치
48. 황금비례와 기하학적 비례
49. 성 카를로 성당 돔 내부

성 카를로 성당
가로측 전경

외부에서부터 내부까지의 파동치는 주름진 요소들은 단절없이 각각의 흐름들을 만들어내면서 펼쳐지고 결합되고 전체적인 시각으로 보았을 때 통합된 느낌을 주고 있다. 건축물 속의 수평의 유동적 선들은 수직선과 조화를 이루면서 함께 어우러지는 듯한 느낌을 주고 있다.

바로크 건축(혹은 매너리즘 건축)의 외관은 르네상스 건축과 비교했을 때 파동형의 현란한 표현과 함께 페디먼트, 기둥의 크기와 위치 등이 비정상적으로 크거나 왜곡되어 변형되어 있다. 대칭, 비례, 질서, 조화 등의 2차원적인 건축원리 보다는 변화와 변칙의 실험이 위주가 된다. 따라서 르네상스 건축물과는 달리 바로크 건축에서는 외부에서 내부를 상상하기란 불가능하다. 내부에서 외부를 상상하는 것도 마찬가지이다.
내부와 외부의 일체, 정신과 육체의 통합과 일체감을 주는 것으로 스피노자

50

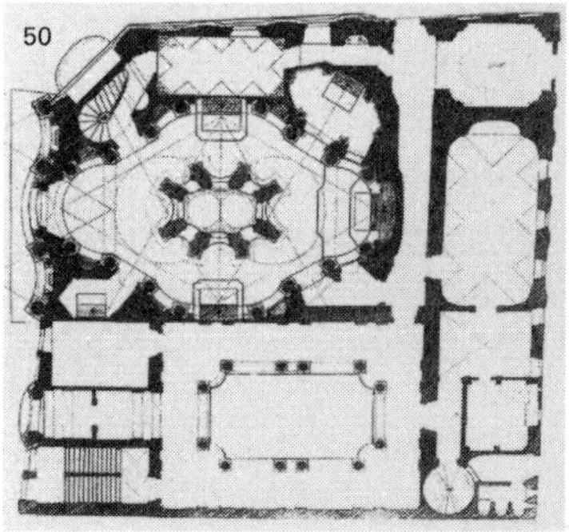

51

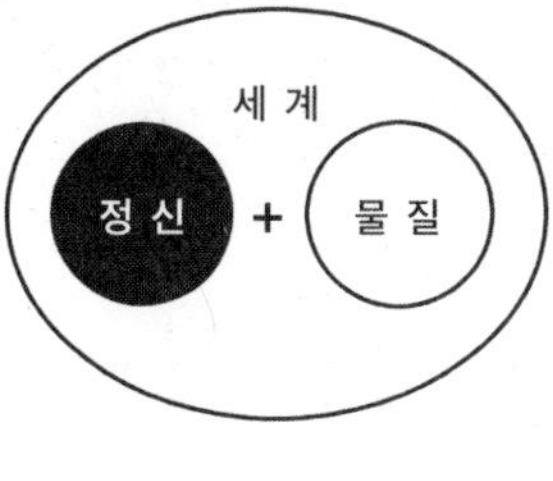

52

50. 성 카를로 성당 평면
51. 스피노자의 범신론적 사유체계
52. 성 카를로 성당 돔 내부

의 범신론적 사고가 구체화 및 현시되는 것을 목격할 수 있다.
이렇게 바로크 건축공간은 타원형의 공간과 부속적인 타원형의 공간들이 비대칭적으로 붙어 있는 형태로 구성되어 한 공간으로 유기적으로 통합되어 있다. 다시 말해, 관찰자가 한 시점에서 보았을 때 통합적 시각을 제공하는 것이다. 바로크 건축물의 내부는 장식과 유기적 형태의 공간이 일체화되어 시각의 이동에 따라 다양한 느낌을 연출할 수 있게 되어 있다. 바로크 건축공간은 도무지 외관에서는 그 내부 형태와 느낌을 상상할 수 없게 표현되어 있다. 또한 외관의 형태와 장식등이 현란하게 구축되다보니 작가별로 공간 및 장식등이 다양하게 표현되면서 개성있게 연출되었다.
이처럼 바로크 건축은 합리적, 이성적 방식의 공간과 표현으로 이루어진 르네상스 건축과는 뚜렷하게 대비되는 공간과 표현임을 확인할 수 있다.

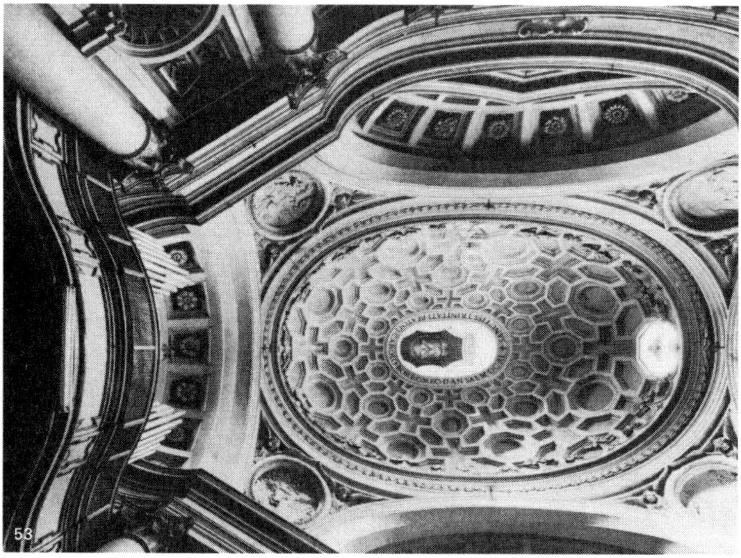

53. 성 카를로 성당 내부

54. 성 카를로 성당 입면

–성 이보 알라 사피엔짜Sant'Ivo alla Sapienza성당

또 하나의 보로미니 작품인 성 이보 알라 사피엔짜Sant' Ivo alla Sapienza성당의 경우, 유기적 평면 형태를 창조하여 내외부가 상호 관입되고 통합되는 느낌이 가장 강렬한 걸작의 반열에 있는 작품이다. 성당의 외부는 르네상스적인 구성에 운동감과 투시감을 더하여 극적인 느낌을 주고 있다. 몇 군데의 벽에는 버트레스buttress6) 를 사용하고 상부에는 수직과 수평선을 조화시키는 나선형spiral의 요소들로 장식되어 있다. 건축사가 기디온은 움직임이 건축에 전이되었다고 칭송했다.

평면은 별 모양의 6각형에 기초하고 있고 앱스와 니치가 전형적인 요철 리듬을 보여주면서 교대로 표현되며 나타난다. 복잡한 별모양의 형태가 그대로 구축되어 올라가면서 장식요소들이 통합되어 돔과 만나고 이 형태가 유기적으로 결합되어 수직과 수평적인 선들이 서로 통합되는 느낌을 만들어낸다. 외부공간은 내부와 서로 유기적인 모습을 이루고 있다.
내부의 양태에서 우리는 접혀있었던 주름이 파동치며 펼쳐지며 파토스pathos적인 느낌의 통합적인 흐름을 만들어내고 있음을 느끼기에 충분하다.

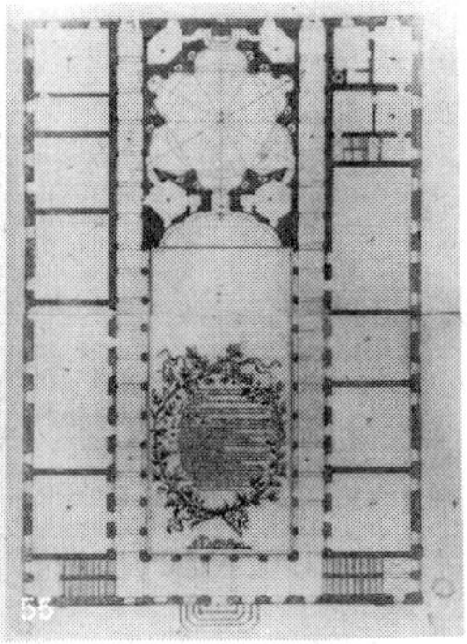
55

56

6) 벽을 지지하기 위해 축조된 외부 구조물의 하나. 특히 건물의 아치로 된 돌지붕의 육중한 떠밀림을 지탱시키기 위해 부가적 조적형식으로 특징지어진 고딕건축에서 볼 수 있다. 벽에서 돌출하여 만든 보강용의 벽(버팀벽), 옹벽에서 지반이 약하여 밑쌓기를 넓혀야 할 때 현장. 사정상 천체적으로 넓히기가 곤란할 경우 벽의 후면에 보강용으로 설치하는 지벽(支壁). 높은 주벽(主壁)이나 궁륭의 압력을 받쳐주기 위해 옆쪽으로 튀어나온 보강용의 벽. (인테리어 용어사전, 동방디자인)

55. 보로미니 사피엔짜 대학의 성당 평면
56. 보로미니 사피엔짜 대학의 성당 돔 형태
57. 보로미니 사피엔짜 대학의 성당 전경

구아리니,
Turin 소재
Carignano 팔라쪼 전경

-구아리니Guarino Guarini 작품

구아리니는 논리적인 기하학적 평면과 구조체계를 가지면서도 환상적이고 복잡하게 얽혀있는 연속적이고 통합적인 공간을 창출해낸 것으로 유명하다. 그의 작품은 환상적인 내부로 인해 모든 공간과 물질이 마치 비물질적인 느낌이 들도록 계획해 낸 것이 특징이다.

구아리니의 작품들은 이러한 경향이 한층 강화되어 더욱 많은 주름들로 통합되는 표현양상을 보여준다. 그의 공간들은 내외부의 파동을 만들어내는 선들을 도입하고 이것들이 부드럽게 유기적으로 통합되면서 통합과 일치, 정신과 육체의 일치를 표현하면서 구축되어 있다.

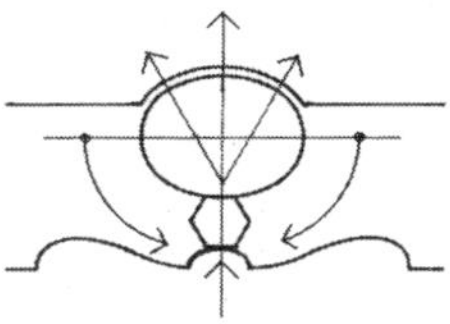

58

59

58. 구아리니, Turin 소재 Carignano 팔라쪼 다이어그램
59. 구아리니, Turin 소재 Carignano 팔라쪼

1013 르레상스 건축과 바로크 건축의 공간적 재현적 차이

흥미롭게도 데카르트의 사고 및 스피노자의 사고와 르네상스 및 바로크 건축의 내용에서 유사성을 발견할 수 있을 것이다. 바로크 공간은 공간과 장식이 유기적으로 그대로 일체화되어 분리될 수 없는 통합적 성격을 지닌다. 마찬가지로 공간에 있어서도 타원형 대 공간을 중심으로 부속되어 구축되어 있는 타원형의 공간이 유기적으로 통합되어 있다. 마치 정신과 물질이 하나가 되어 있는 듯한 경험을 느끼기에 충분한 형상이다. 그래서 스피노자와 라이프니츠의 사고체계를 바로크적 혹은 변종의 철학이라고 이야기하는 것이다. 라이프니츠가 모나드monad 라는 개념을 통해 주름과 펼쳐짐의 사유를 언급할 때도 역시 바로크를 사례로 담론을 펼쳤다. 바로크 공간의 내외부에서 보이는 주름과 요철과 통합적 공간의 표현에는 정신사적으로 그러한 철학적 담론들이 영향을 미쳤으며 동시대와 관련된 외적 변수들이 구체적으로 물화物化되어 현시되었기 때문이다.

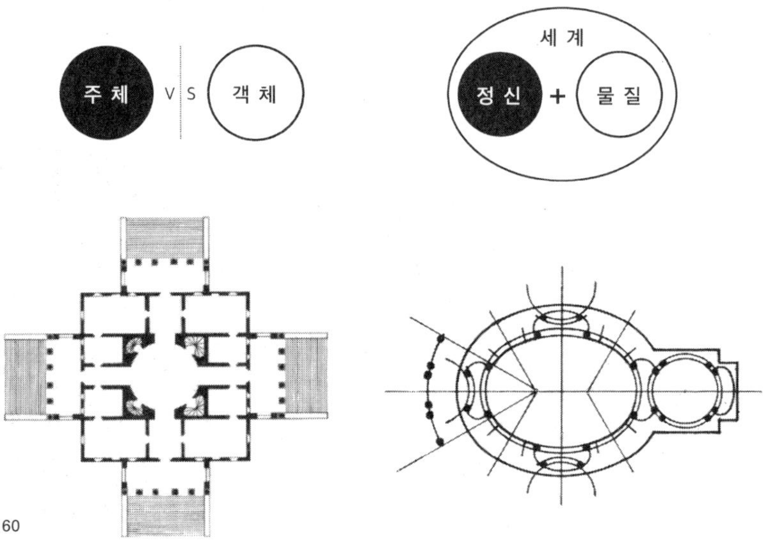

60

60. 데카르트와 스피노자 사유의 물질화

이러한 표현은 전술한대로 스피노자의 정신과 사물과 객체가 일체화된 사고, 범신론汎神論적 사고(모든 사물에 신이 깃든 사고)와 비슷한 면모를 지니고 있다. 실제로 현대 철학자인 들뢰즈는 스피노자의 사고와 라이프니츠와 바로크적인 양식에서 영향을 받아서 바로크 공간에서 영감을 얻어 연구사례로 언급하며 자신만의 독특한 관점의 사유를 발전시켰다. 라이프니츠의 주름과 펼쳐짐의 사유 역시 이렇게 바로크적인 통합적 양태에서 많은 영향을 받은 것으로 알려져 있으며 이러한 요소를 훌륭하게 분석하고 있다.

61

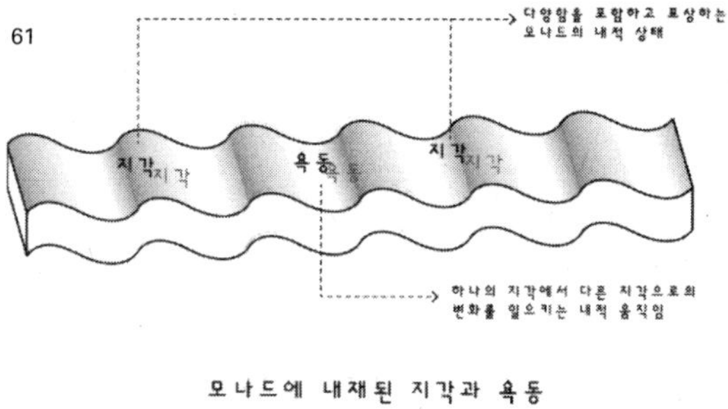

62

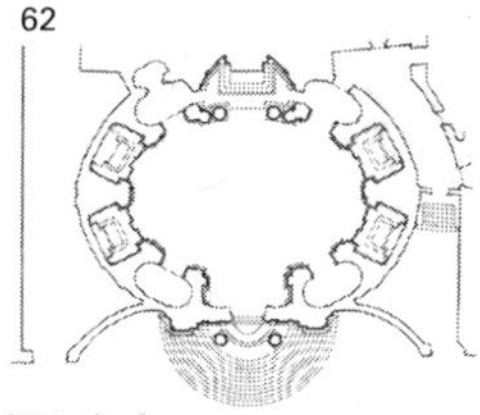

63

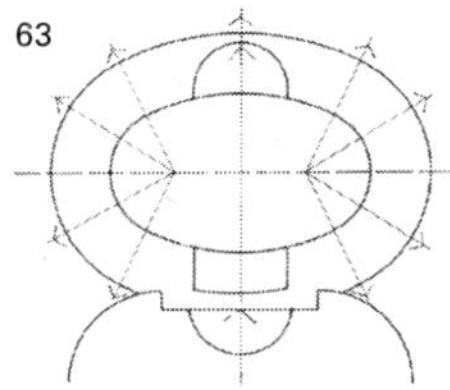

바로크 건축은 정신과 물질이 하나로 통합된 듯한 느낌을 준다. 르네상스 건축의 정신이 그대로 보여지는 것과는 달리 바로크 건축공간은 정신과 물질, 이성과 감성이 통합되어 하나로 펼쳐지는 느낌을 받게 된다. 이것은 라이프니츠의 경우로 설명하면 모나드가 펼쳐지는 것과 같이 우주는 궁극적으로

61. 모나드의 작용
62. 베르니니, 로마, S. Andrea al Quirinale 평면
63. 베르니니, 로마, S. Andrea al Quirinale 다이어그램

접선이 없는 곡선에 따라 물질에 곡선이나 소용돌이의 운동을 부여하는 작용적인 힘에 의해 압축되어 있는 것과도 같다. 들뢰즈가 모나드에 대해서 언급하고 표현하기로 펼침은 확실히 접힘의 반대나 소멸이 아니라 접힘 작용의 연속 또는 확장, 접힘의 현시顯示되는 조건이다.[7] 접힘이 재현되기를 멈추고, '방법' 작동, 작용이 되면 펼침은 바로 이러한 방식으로 표현되는 작용의 결과가 된다.[8] 현대 철학자 들뢰즈는 두 층 사이, 두 미로, 물질의 겹주름과 영혼의 주름 사이의 상응과 소통까지 재현하는 방법에 대해 언급했다. 그는 바로크 건축이 물속에 물고기가 역동적으로 움직여 파동으로 물결치는 호수와 같다고 표현한다. 들뢰즈는 우주는 궁극적으로 접선이 없는 곡선에 따라 물질에 곡선이나 소용돌이의 운동을 부여하는 작용적인 힘에 의해 압축되어 있는 것과도 같다고 표현한다.

예술사가 하인리히 뵐플린Heinrich Wölfflin은 바로크의 몇 가지 물질적 특성에 대해서 말했는데, 그는 바로크를 낮은 곳의 수평적 확대, 박공을 낮춤, 돌출되어 있으면서 낮은 곡선의 계단들, 덩어리 또는 집적을 통한 물질의 처리, 각을 둥그렇게 하고 직선을 회피함, 톱니모양의 아칸더스 잎 장식을 둥근 모양으로 대체, 스폰지처럼 작은 구멍이 많은 형태를 만들기 위해 석회석을 사용, 또는 항상 새로운 난류를 품고 있다고 했다. 바로크 건축에는 오래전부터 보아야 할 것이 안쪽에 있는 장소들이 있다. 독방, 제의실祭衣室, 지하납골당, 교회, 극장, 열람실, 또는 판화실, 이것들은 바로크가 역량과 영광을 끌어내기 위해 권위를 부여한 장소이다.[9] 이렇게 바로크 건축물 내부에는 핵심이 되는 다양한 콘텐츠들이 숨어 들어있다가 펼쳐지는 듯한 느낌의 장식들이 공간과 일체화되어 존재한다. 바로크의 내용은 이후 들뢰즈의 사유를 이야기하면서 더 언급하기로 한다.

7) 이영미, 천득염, 후기 구조주의의 생성의 관점을 통해 본 라이프니츠 모나드론의 건축 철학으로서의 가능성, 대한건축학회 논문집, 24권(6), 2008.6, p204 그림 인용
8) 질 들뢰즈, 이찬웅역, 주름, 라이프니츠와 바로크, 문학과 지성사, 2004, p71
9) 같은책, p13

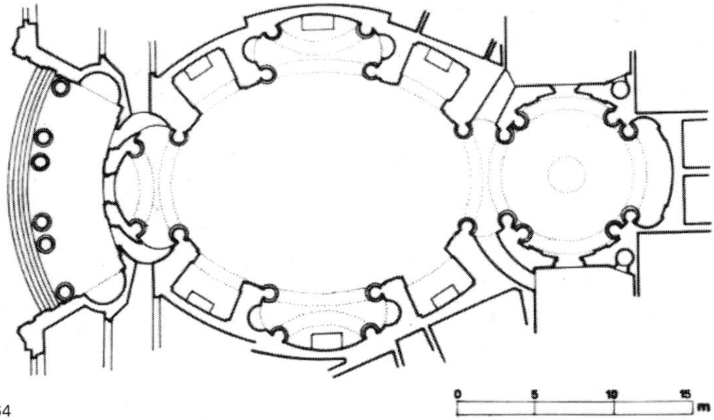

64

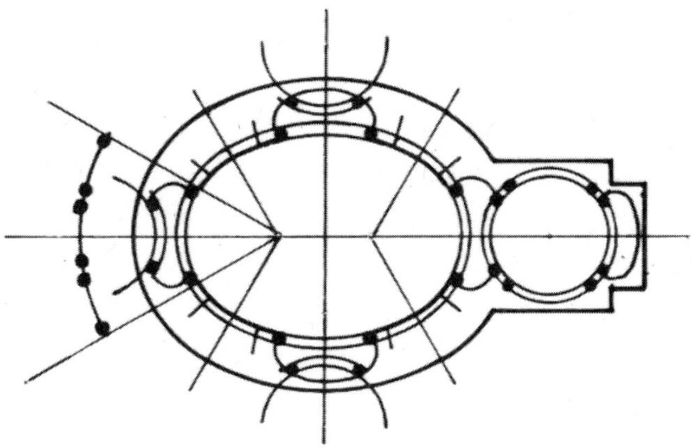

65

64. Carlo Rainaldi, Rome, S.Maria 타원형부분 평면
65. Carlo Rainaldi, Rome, S.Maria 타원형부분 다이어그램

변이의 사고와 이성의 진보

이 책의 주제와 내용이 근대 건축사의 세부적인 지식들을 논의하는 것을 목적으로 하는 것은 아니기 때문에 각 사례별로 자세하게 살펴보는 것은 지양하겠지만 르네상스 및 매너리즘Mannerism 건축에서 반드시 알고 넘어가야 하는 부분이 있다.

그것은 르네상스 시기가 경제의 주요 주체였던 대상인들에 의해 주도되기 시작했다는 점이다. 건축사에서 팔라쪼라고 불리는 건물 유형은 사실 오늘날의 재벌가와 같은 상인들의 저택이 유형화된 것이다. 이 시기는 건축을 기술하는 역사상 처음으로 권력중심의 건축물(왕궁, 성)과 종교적 건물(성당)에서 상인이라는 계급의 개인 소유의 건물로 권력의 중심과 관심이 옮겨갔던 시기이다. 다시 말해, 그것은 권력의 중심이 중세시기의 성직자나 왕 중심에서 시민인 자본가 중심의 공간으로 재편되고 있는 상황이 가시적으로 나타나기 시작했음을 보여주는 대표적인 주거 각론 사례이다. 실제로 르네상스의 양식을 주도했던 많은 건축물들은 상인들에 의해 지원되어 구축되었다. 자연스럽게 공간과 표현체계에 그들의 입김이 들어가고 영향력을 받아 공간과 장식이 물질화 되었다. 이러한 상황은 서구에서 자본이 태동하고 질서가 재편되면서 공간구조에도 영향을 미치기 시작했음을 알리는 중요한 변화이다. 자본을 중심으로 공간 및 공간구조를 연구하는 사람들에게는 이러한 변화는 매우 중요한 단서로 평가된다.

일단, 기존의 르네상스 건축과는 양상이 다른 사례를 살펴보자. 미켈란젤로가 설계한 라우렌티안 도서관은 메디치 가의 수장품을 보관하기 위해 설계된 도서관 입구부분에 위치해 있다. 이 공간의 가장 눈에 띠는 특징은 벽이 지나치게 분절되어 있다는 것이다. 좁은 공간에 너무나 다양한 요소들이 꽉 차있어서 강력한 긴장감을 형성시켜 숨이 막히는 느낌을 받게 된다. 그 가운데 계단은 기능이 필요이상으로 거대하게 세부분으로 확장되어 흘러나온다. 마치 소혀처럼 혹은 용암이 흘러나오는 것처럼 보이기도 한다. 긴장되는 가운데 개구부로부터 넘실거리듯 동선이 거칠게 흘러나온다. 강력한 인상을 갖기에 충분하다. 공간을 지나 도서관으로 들어서면 다시 평온하고 조화로운 도서관의 분위기로 변환된다. 이른바 진입부의 긴장감을 극대화 시킨 공간인 것이다. 반대로 평온한 도서관 내부에서 갑자기 긴장감 넘치고 에너지가 응축되어 폭발할 듯한 입구부분으로 빨려내려가듯 동선이 이어지게 된다.

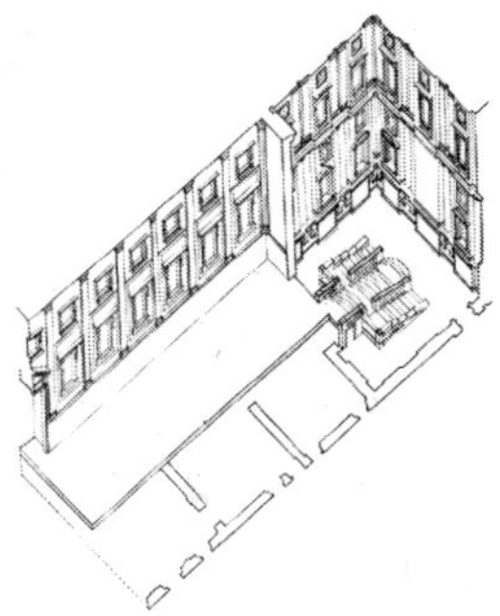

67

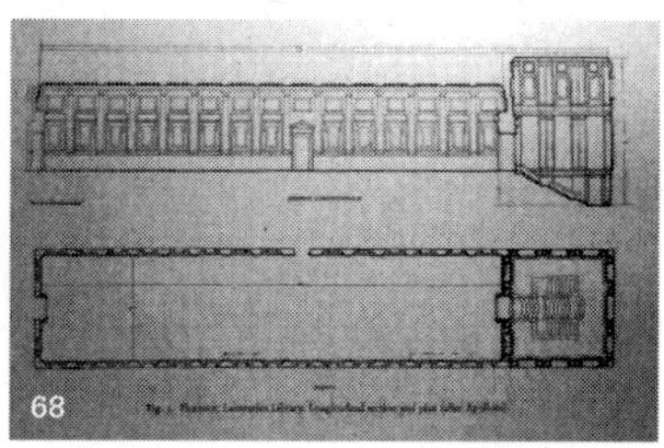

66. 미켈란젤로의 라우렌티안 도서관
67. 라우렌티안 도서관 다이어그램
68. 라우렌티안 도서관 평면, 입면

1014 아방가르드적 매너리즘 건축

한편, 건축사에 있어서 매너리즘Mannerism 건축이 비교적 짧은 시기에 유행했다. 매너리즘은 후기 르네상스의 주요한 흐름중 하나이다. 비난트 클라센Winand Klassen은 매너리즘이란 단어가 광의로는 특히 예술과 문학에 있어 지나치게 혹은 가식적으로 독특한 수법에 집착한다는 뜻이라고 언급한 바 있다.[10] 매너리즘 건축은 자연을 출발점으로 삼는 대신 예술을 출발점으로 하여 개인의 독특한 취향의 해석을 부가하였다. 매너리즘은 예술가들의 여러 규칙들을 개인적으로 해석하는데 과도하게 집착하는 것을 의미하며 특히 보는 사람을 교묘하게 놀라게 하고 기만하여 충격을 주고자 하는 의도가 매너리즘 철학과 방법론의 주된 요소이다. 일반적으로 매너리즘 건축은 경향, 무드, 유행, 긴장, 왜곡 등이 대표적인 키워드들이다. 우리는 흔히 '데카당' 하다는 표현을 사용한다. 이것은 데카당스decadence라는 단어로서, '부패하다' '퇴락하다'의 뜻을 지니고 있는 것인데, 한 시대의 사조나 움직임이 퇴락하면서 퇴폐적인 방식으로 표현되거나 퇴락과 동시에 새로운 시대를 예견하게 만드는 창조적 기운을 포함하는 기묘한 관계를 동시에 지닌 것을 의미한다.

건축에서 매너리즘이란 쉽게 이해하면 르네상스 건물에 의도적인 변형을 가해 충격과 새로움을 주려는 사조이다. 이것은 르네상스에서 바로크 건축으로 넘어가는 시기에 존재했다. 외적 구성은 일견 르네상스 건축물인 듯 하지만 자세히 살펴보면 대칭인 가운데 비대칭적인 부분이 있다던가, 기둥이 분절되거나 꼬여있다던가, 페디먼트pediment가 절개되어 있는 변형된 방법들을 사용하여 의도적으로 파격을 보여주거나, 혹은 앞서 살펴본 라우렌티안 도서관의 경우와 같이 공간이 매우 숨막힐 듯이 많은 요소들이 들어가 긴장감을 극대화시키는 표현을 보여준다. 건축가의 철저한 의도에 의해 관찰자들은 기존의 익숙하던 표현양식에서 충격과 흥미로움을 느끼게 된다. 이 건축물을 현재의 관점으로 처음 보는 사람들에게는 당시의 건축가들이 의도

10) 비난트 클라센, 심우갑 역, 서양건축사, 대우출판사, 1998, p157

적으로 왜곡시켜 충격을 주거나 '익살스러운 표현'을 했던 느낌이 드는 것이 사실이다. 그러나 매너리즘 계열의 건축가(특히 줄리아 로마노)들은 표현과 공간을 고려하여 당시의 기술과 표현능력의 한계 가운데 나름 치열하고 심각하게 고민하면서 디자인했던 것이다. 당연히 이것은 보는 사람에 따라 평가가 매우 상이했는데, 긍정적으로 보면 이는 보는 사람으로 하여금 심상 속에서 음악의 변주곡이 주는 즐거움을 느낄 수 있도록 만든다.

일반적으로 건축사 서적에서 언급되는 매너리즘은 르네상스의 합리적 건축과(정) 바로크 건축(반) 사이에서 징검다리 역할을 하는 정도로 간략하게 설명하고 넘어간다. 그러나 이 매너리즘 건축이야말로 다른 방식으로 생각하면 합리성과 낭만성을 넘어서는 복합적이면서 묘한 건축의 시발점이 되어 새로운 복합체(다양체)로서의 특이한 존재 혹은 사건이 드러난 것이라고 이야기할 수도 있다. 이것은 5권의 데리다적 시각과 7권에서 살펴볼 들뢰즈적인 시각으로 달리 이야기 할 수도 있다.

매너리즘 건축은 변화를 일으키는 시초가 되었던 건축사조로서 현대식으로 말하면 다양하게 담론을 펼칠 수 있는 가능성이 내포되어 있는 변종의 건축인 것이다. 변증법적 사고체계에서 보았을 때에는 분류체계에 명확하지 않은 과도기적인 별종 정도로 치부될 수도 있지만 현대의 건축 경향을 생각했을 때 이러한 현상들은 간단한 문제가 아니다. 이것이 바로 변증법 체계로는 설명하기에 부족한 부분이라고 할 수 있다.

69. 만투아의 델 테 궁전
70. 줄리아 로마노의 작품 고르틸 델라 카발레리짜, 만투아

1015 산업혁명 시기의 박람회 건축

1851년 영국 박람회에서는 건축계의 일대 사건이 발생하게 된다. 인류 건축 역사에 수정궁Crystal Palace이 등장한 것이다. 이 대규모 공간은 이전의 건축물과는 확연한 차이가 있었다. 산업혁명의 발원지인 영국은 당시 '해가 지지 않는 제국'이라는 자부심을 드높이고 있었으며 자국의 생산력이 최고도에 달해 이를 과시하고 싶은 욕망이 넘치던 시기였다. 영국은 자국에서 공장제로 생산된 철재와 유리를 기본으로 하고, 짧은 시간에 규격화된 부품들을 이용하여 빛이 충만한 대규모의 건물을 만들어 냈다. 당시의 철학적 상황으로 다시 이야기하면 건축공간 분야에서 헤겔의 절대정신이 마침내 구현된 듯한 신개념의 공간이 펼쳐진 것이다.

그러나 데카르트의 주체와 객체를 의도적으로 구분한 사고체계는 이미 상당부분 그 사고체계 내에 의도적으로 분리하여 구분하는 '폭력성'이 내재되어 있다. 계몽시대를 지나 과학의 발전으로 현란하게 사회가 진보되어 나가면서 과학적 진보와 함께 절대정신이 구현된 듯한 수정궁과 같은 공간이 나타났던 시기는 서구 열강들이 활발하게 세계로 진출하면서 강제로 식민전쟁을 하던 시기와 일치한다. 또한 이 시기가 이후 1차 세계대전이 일어나던 시기와 묘하게도 맞아 떨어지는 것은 우연한 일치가 아니다.

철학사적으로 수정궁이 건립되던 시기는 제국주의가 한참 왕성하게 세계에 뻗쳐나가는 시기였고 과학기술 및 산업기술의 폭발적 발전이 있었던 시기와 겹치는 것은 결코 우연이 아니다. 건축물 자체로 보면 대규모 공간을 이루고 있지만 온실과 같이 뜨거운 폭력적 공간이었으며 전시되는 품목은 식민지에 팔기위한 제품의 산업기술력을 과시하는 내용이나 식민지에 파는 제품을 전시하는 가운데 전시품목의 선정의 권위를 부여하는 세력과 수용자의 권력구조가 생겨난 장소이자 아케이드 건축의 효시를 이룬 건축물이라고 볼 수 있다.

많은 철학가들과 비평가들은 데카르트 이후의 주체를 중심으로 하는 서구의 철학적 사고체계가 이러한 폭력성의 근원이 되었다고 주장한다. 이후 현대철학은 이러한 이성의 폐해를 극복할 수 있는 방안이 무엇일까에 대해 많은 고민을 한다. 모던적 상황은 사실 그 변화와 발전의 속도와 규모면에서 너무나 거대하고 깊은 것이어서 짧은 시간에 대응적인 사고가 나온 것이 아니다. 이후 현대철학의 역사는 계속해서 모더니티와 이성적 사유의 폐해를 어떻게 극복하느냐에 따른 문제의식에서 시작되는 것이 대부분이다.

71. 수정궁, 대영박람회
72. Charles-Louis Ferdinand Dutert, Victor Contamin, 1889년 파리박람회, Galerie des machines
73. 수정궁의 공장제 생산요소의 조립

시사점과

PART 3

건축적용 가능성

생각해보아야 할 점

1016 명확한 역사관 인식의 필요성

이제 첫 번째 주제에 대한 논의를 마쳐야 할 시점에 이르렀다. 독자들은 역사를 바라보는 관점이나 건축관에 대해서 어떠한 사고체계를 지니고 있는지 살펴볼 필요가 있다. 어떤 사고 체계가 중요할까?

- 변증법적, 목적론적, 진화론적 사고관?
- 통합적, 직관적 사고관?
- 물질적, 실천적 계보를 잇는 마르크시즘의 사고관?
- 감각과 지각을 중시하는 사고관?
- 앞으로 살펴 보게 될 구조주의적 사고관?
- 다원성에 근거한 포스트모던적 사고관?
- 아니면, 동시대의 담론인 후기 구조주의적 사고관?

아직 마르크시즘과 같은 물질적 사고관 이후의 사고체계에 대해서는 살펴보지 않았다. 그러나 분명한 것은 항상 무언가를 만들어내는 것은 동시대성과 철학적 담론이 포함되며 명확한 역사적 인식과 가치관을 정립하고 그러한 역사적 인식하에서 현대적 공간과 표현을 새롭게 창조하기 위해 노력해야 한다는 점이다.

정신적 사유에 따라서 물질적 가치관 및 나타나는 물리적 양상은 매우 다르게 나타나기 마련이다. 현실을 바라보는 인식과 철학에 따라서 세상은 크게 달라질 수 있다. 궁극적으로 물질세계는 인간이 사유하고 행위하면서 세상을 만드는 것이므로 결론에 이르러 생각의 차이, 인식의 차이는 물질세계에 있어서 어마어마한 차이와 변화를 불러일으킬 수 있다. 사유의 방식에 따라서는 때때로 매우 폭력적인 양상으로 변화할 수 있다. 이러한 사유는 정치 및 이데올로기 또는 사회를 움직이는 원동력이 될 수 있기 때문이다. 따라서 그러한 사유의 다양성과 깊이에 따라 천양지차의 물리적 결과물이 나타나게 되는 것이다. 사유의 특성상, 어떤 사유는 긍정적이고 좋은 영향을 주며 인간에게 매우 득이 되고 현대성을 잘 반영하는 사유가 있는 반면 폭력적이고 섬뜩한 행동 및 양식으로 번질 수 있는 휘발성을 지닌 사고도 있을 수 있다. 우리는 인간 중심주의적 관점에서 긍정적이고 바람직한 사고와 사유를 통해 세계를 긍정적인 방향으로 재창조해나가야 한다.

아들러Alfred Adler가 '난쟁이가 거인의 어깨를 짚고 멀리 내다본다' 라고 말한 표현이 있다. 이것은 기존세계를 이해하는 방식과 지식을 덧붙여 실행했을 때 세상을 더욱 풍요로운 방식으로 넓고 깊게 이해하고 발전시킬 수 있다는 의미로 볼 수 있다. 이를 통해 더 높은 시야에서 더 풍부하고 넓게 사유할 수 있다는 의미이다.

명실공히 문무를 겸비하여 자타가 공인하는 현대건축의 대가인 렘 콜하스 본인이 현대건축사에 남길 작품을 만들게 된 것이 본인 스스로 거장의 어깨를 짚고 더 널리 볼 수 있었기 때문이라는 이야기를 했던 것도 같은 맥락으로 보아야 할 것이다. 좋은 건축은 반드시 동시대의 철학적 사유체계와 논의사항을 명확히 인식하고 새로운 방향성과 추진력을 바탕으로 창조할 때 의미가 있는 것이다. 이는 현시대 건축인들의 몫이라고 볼 수 있다.

2

모더니즘의
이면
/
건축적
가능성과 폐해

주요 철학자 소개

칼 마르크스 Karl Heinrich Marx, 1818–1883

마르크스는 독일 출신의 혁명가, 역사가, 경제학자, 철학자이자 사회학자이며 과학적 사회주의의 창시자이다. 1847년 공산주의자동맹을 창건하고 프리드리히 엥겔스와 『공산당 선언』과 『자본론』을 집필했다. 그는 사회주의 국가의 창립에 절대적인 이론적 틀을 완성했으며 그의 이론은 레닌이 소련의 10월 혁명을 성공시키는 틀로 작용했다. 헤겔의 변증법과 유물론을 융합하여 변증법적 유물사관을 역사철학적으로 정립했다. 그는 화폐 및 자본의 근본적 속성을 파헤쳐 부조리한 사회적 특성의 요인을 분석했다. 이는 세계적으로 인정받는 자본론으로 귀결되었다. 소외와 노동개념, 노동시간개념, 프롤레타리아, 부르주아의 개념 등을 정립하는 등 자본에 대한 관념을 정립했다. 10월 혁명을 주도하여 성공시킨 레닌은 마르크스의 이론을 기본으로 했다. 마르크스는 후에 헤겔의 변증법과 유물론적인 요소를 모아 변증법적 유물론으로 정리, 헤겔철학에 과학적, 역사철학적 요소를 부여하고자 했다. 헤겔의 사상은 그의 사적유물론의 철학적 배경이 되었다.

호르크하이머Max Horkheimer, 1895–1973

독일의 철학자, 사회학자. 프랑크푸르트대학에서 공부한 후, 1925년 칸트에 관한 논문으로 교수자격을 얻었다. 1930년 프랑크푸르트대학 사회문제연구소장을 지냈으며, 에리히 프롬, 마르쿠제 등과 프랑크푸르트학파를 이루었다. 아도르노와 함께 인종적 편견의 연구를 담은 5권의 저서『편견연구』를

저술했다. 미국 체류 경험을 바탕으로 낸 이 연구는, 인종적 편견을 의식의 심층에까지 추구한 점에서 사회심리학사상 큰 업적으로 평가받는다. 사상적으로는 사회민주주의자이며, 학문적으로는 헤겔철학의 소양과 정신분석학의 지식을 결합시킨 특성을 보였다.

아도르노Theodor Wiesengrund Adorno, 1903-1969

독일의 철학자이자 미학자로 프랑프푸르트 학파의 중심인물이었다. 그는 양차 세계대전과 미국자본사회의 부조리함을 경험하고 이성중심의 사유에 대한 근본적인 회의를 통해 체계성을 거부하고 근대문명에 대하여 독자적인 비판을 제시했다. 주요 저서로는『부정적 변증법』등이 있다.

1934년 나치에 의해 추방되어 미국으로 망명하였다가, 1949년 2차 세계대전 종료 후 다시 독일로 귀국, 호르크하이머와 함께 사회조사연구소를 개설하였다. 1950년에 프랑크푸르트대학 철학교수로 취임하는 한편, 파시즘 연구를 주제로 한『권위주의적 인간』을 간행하는 등 호르크하이머, 에리히 프롬 등, 프랑크푸르트학파의 중심인물이 되었다.

발터 벤야민 Walter Bendix Schönflies Benjamin, 1892-1940

유대계 독일인으로 마르크스주의자, 문학평론가, 철학자이다. 게르숌 숄렘의 유대교 신비주의와 베르톨트 브레히트로부터 마르크시즘의 영향을 크게 받았으며 비판이론의 아도르노와 친분이 있었다. 벤야민의 교수자격 논문

74. 마르크스 초상
75. 호르크하이머 초상
76. 아도르노 초상
77. 발터 벤야민 초상
78. 알튀세르르 초상

인 『독일비극의 원천』의 내용은 기존 학술계의 견해와 비교해 대단히 파격적이서 공식적 탈락을 막기 위해 논문제출을 포기했다. 현대의 양면적 가치, 혹은 양립불가능한 가치(유물사관, 신학)를 변증법적 체계가 아닌 초월적 체계로 화해시키거나 소화시켜 표현할 수 있는 새로운 시각의 가능성을 제시했다는 점에서 의의가 있다. 베를린에서의 유년시절 이후 그의 작업은 옛 기억과 공간적 회상이 공간적 이미지들과 연계되어 알레고리적으로 결합되면서 다차원적으로 종합되는 방법론의 글쓰기 실험을 수행했다. 벤야민이 스스로 작업하다가 미완으로 후세에 남긴 『아케이드 프로젝트』는 도시를 인간행위의 틀과 무대로서 표현하고 있으며, 건물, 공간, 도시환경을 구성하는 기념물과 대상물들을 인간의 사회적 활동패턴에 대응하는 것이라 표현하고 있다. 그는 암호해독적인 관상학적 시도(알레고리)로서 도시를 바라보았다. 글속의 다양한 이미지들과 파편화된 글들이 초현실적으로 결합되어 새로운 글쓰기 표현이 되었다. 그가 소망했던 메시아적 세계관의 현실적 이상은 트로츠키와 스탈린이 이끄는 당 위주의 정권이 득세하고 자본주의에서는 파시즘과 히틀러의 세력이 득세하면서 점점 희망을 잃어갔다. 히틀러와 스탈린이 상호불가침 조약을 맺으며 공모결탁했다는 소식을 접한 시점은 공교롭게도 그가 망명을 위해 국경을 넘으려던 순간이었다. 그 소식을 들었던 당일, 그는 망명조차 거부되어 나찌가 지배하는 피레네산맥 국경지역에 남겨지게 되었다. 그는 절망감에 휩싸인 상태로 몰핀으로 자살을 하게 된다. 이와 같이 그의 삶은 매우 드라마틱했다.

알튀세르Louis Pierre Althusser, 1918–1990

알제리 출신의 마르크스주의 철학자이다. 파리 고등사범학교에서 수학했고 그 곳에서 철학 교수로 재직했다. 그는 프랑스 공산당을 선도하는 이론가였으며 그의 주된 논쟁들은 사회주의의 이데올로기적 근거에 대한 여러 위협들에 대한 대응이었다. 이 위협에는 마르크스주의 사회학과 경제학에 영향력을 미치기 시작한 경험주의와 유럽의 공산당들을 분열시키기 시작한 휴머니즘 사회주의 및 민주-사회주의가 포함된다. 그는 반인간주의, 반경제주의, 반경험주의와 반주체주의를 주장했다. 프랑스 구조주의의와의 교류가 없었음에도 알튀세르는 흔히 구조적 마르크스주의자로 불린다. 특히 그가 만들어낸 중층결정이론overdetermination은 이후 포스트 마르크시스트들이 즐겨 차용하는 주요한 개념이 되었다.

마르크스 및 벤야민의

PART 1

사유와 모더니티의 명암

마르크스의 사유와 이성의 명암

앞서 우리는 존재론과 주체 문제, 근대 이후 주체를 중시하는 이성적 사고체계의 발전과 함께 변증법적 사고체계의 프레임에 대해 살펴보았다. 이 내용들은 동양적 사고방식을 가지고 있으면서 외적양태는 서구적 사고와 과학 이성적 체계의 산물로 물질화된 세계에 살고 있는 한국인들에게 화두를 제시한다. 서구의 물질적 역사가 어떻게 이루어졌는지를 이해하는 것은 역설적으로 이것을 극복하기 위해서 그 자체를 더 잘 이해하고 있어야 한다는 점에서 매우 중요하다. 우선 마르크스의 사고체계를 살펴보기에 앞서 독자들은 **'사적유물론'** 이라는 단어를 한 번쯤은 접해보았을 것이다. 이것은 마르크스의 사고체계를 설명할 때 빠지지 않고 나오는 단어이다. 이 단어에 대한 논의로 두 번째 주제를 논의하는 것이 바람직할 것이다.
그에 따른 화두는 다음과 같다.

- 마르크스의 사상은 무엇인가? 포스트마르크스주의 등의 용어들과 건축과의 관계는 어떻게 이해해야 하는가?
- 프랑크푸르트학파의 사유는 어떤 목적의식이 있었는가?
- 모더니티와 모더니즘을 어떻게 이해해야 할 것인가?
- 모더니티의 가능성과 폐해에 해당되는 건축적 부분은 무엇인가?
- 벤야민의 이성극복의 방법론은 이 시대에도 여전히 유효한 것인가?
- 벤야민의 알레고리는 어떤 특성이 있는가?
- 마르크스의 사상과 건축분야의 연결부분은 무엇인가?
- 건축의 유토피아적 시각과 모순점은 무엇인가?

1017 마르크스의 사유와 후계자들

우선 마르크스의 사상은 유물론唯物論에 근거하고 있다. 마르크스 이전까지의 철학자들은 머릿속의 관념으로부터 나오는 대상에 대해서만 사유했다. 그러나 포이어 바흐 이후 특히 마르크스의 사유는 인간도 결국 살과 피라는 물질로 이루어졌다는 생각으로부터 출발한다. 즉, 물질이 위주가 되는 존재론적 사고를 할 수 있도록 관심을 전환시킨 것이다. 우리는 이러한 접근방식이 출발부터 상당히 다른 사고임을 간파할 수 있다. 또한 마르크스의 사고는 목적론적 시각에 의한 시간적 역사성으로 세계를 파악하는 사고방식이 특이하다. 이것은 1부에서 언급한 적이 있다. 한편, 독자들은 직접적으로 헤겔의 변증법적 사고체계가 생각날 것이다. 이것은 절대정신의 목적을 향해 시간의 흐름 속에 발전해 나가는 체계였다. 초기 마르크스의 사상은 헤겔의 독일 관념론에 많은 영향을 받는다. 앞서 언급한 바와 같이 그의 체계는 칸트의 순수이성, 실천이성을 피히테가 통합하여 행동의지를 강조한 것과 궤를 같이 하고 있다.

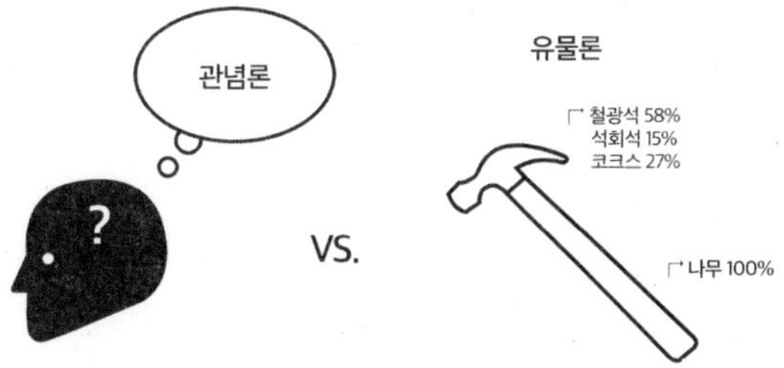

79

일상생활에서 가끔 우리는 **'사적유물론'**이라는 단어를 접한 경험이 있을 것이다. 사적(사적유물론史的唯物論)이라는 것은 바로 헤겔의 역사적歷史的 흐름과 방향성을 가지고 있는 물질을 위주로 사유하는 사고체계라는 의미이다. 그 근본사상의 동력은 관념이 아니라 물질적인 것에 있다. 유물론의 생성 이래 여러 분야에서 유물론과 관념론 사이의 갈등이 존재해왔다. 또한 그것은 20세기에 각 사유를 중심으로 당파를 이루어 치열한 분쟁을 야기했다. 또한

79. 관념론과 유물론

마르크스의 사상은 철저하게 실천에 그 의미를 부여하고 있다. 마르크스가 활동했던 시대 이전의 철학자들은 대부분 머릿속에서만 사유한 것만을 논했다. 그러나 마르크스는 무언가 다른 점이 있었다. 그는 '지금까지의 철학자들은 행동하지 않았다. 철학자들이 머릿속으로 생각한 것으로만 끝나는 것이 아니라 실천하여 세상을 변화시키는 역할을 해야 한다.' 라고 주장했다. 이른바 사유와 함께 행동하고 변화시키는 사유를 추구한 것이다. 이점이 바로 마르크스를 다른 철학자들과 다르게 만든 것이며 사회주의라는 인류사적 실험을 가능하게 했던 시발점이 된 것이다.

80

우리나라의 암울했던 독재 군사정권 시절, 마르크시즘에 심취하여 사회운동을 치열하게 전개하던 당시 젊은이들의 사상에는 바로 '실천'을 통해 사회의 모순구조를 변혁시키고자 하는 열망이 가득 차 있었다. 이들의 사고에는 바로 마르크스의 실천중심의 사상이 중심에 있었다. 20세기에 활동했던 대부분의 혁명가들은 마르크스의 이러한 사유에 영향을 받은 경우가 많다.

그들은 변증법적 유물론은 이론과 실천을 통일하여 사회주의로 이행하기 위해 과학적 성과와 사회과학을 이용하여 기존 기득권과의 치열한 투쟁을 전개하는 것을 목표로 했다. 쿠바 혁명을 일으키고 끝까지 억압받는 대중들

80. 마르크스의 실천중시 사상

을 위해 투쟁한 게릴라인 체 게바라는 그러한 정신의 또 다른 실천가였다고 볼 수 있다. 그는 의사였지만 젊은 시절 허름한 중고 모터사이클을 타고 남미여행을 하는 동안 당시 미국의 기업들이 농민들을 수탈하는 장면에 깊은 충격을 받고 혁명가의 길로 들어서게 된다. 자연스럽게 그는 당시 지식인들이 유행처럼 받아들였던 마르크스 철학에 심취한다. 그는 단순히 지식에만 머물러 있지 않고 부조리한 현실을 타개하기 위해 행동으로 실천했다. 그는 쿠바혁명을 성공시키고 제 3세계에 사회주의적 가치를 주입하고 혁명을 지원하기 위해 직접 무기를 들고 투쟁의 길을 지속했다. 사람의 성향중 보통 행동이 더 쉬운 사람이 있는가 하면 사유할 줄은 알되 행동하기 힘든 지식인이 있는 법이다. 사유하고 깨달은 것을 실천하며 사는 것은 매우 힘든 일이며 두 가지를 잘 조화시키는 것은 더 더욱 어려운 일이다. 그런 의미에서 사르트르는 체 게바라의 죽음 앞에 "예수 이후 사상과 행동이 일치하는 혁명가로서의 길을 걸었다"라고 칭송했다. 그의 젊은 시절의 이야기는 영화 '모터 사이클 다이어리Motorcycle Diary'에 잘 묘사되어 있다.

81. 체 게바라의 젊은 시절을 배경으로 한 영화 모터사이클 다이어리

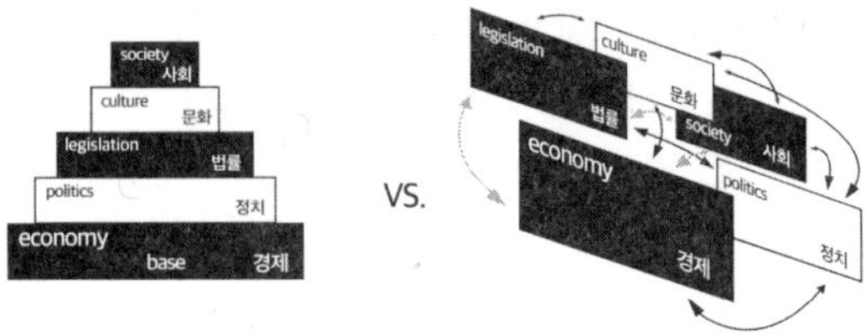

82

마르크스가 한참 자본론을 집필했던 시기는 지금과는 달리 신흥 자본세력이 아무런 제재도 받지 않고 노동자들을 착취하면서 자본을 집적하던 시기였다. 당시에는 최저 임금제도도, 의료보험도, 어린이의 노동을 금지하는 법안도, 노동시간 규제 등도 없었으며 아무런 제재없이 최대한의 이익을 취하기 위해 자본가가 노동자를 핍박하고 착취하던 시기였다. 예를 들어 당시의 노동자들은 햇빛 한 점 들지 않는 광산속 갱도에서 18시간 이상의 노동을 강요받고도 겨우 먹고살 수 있는 정도의 임금을 받았을 뿐이었다. 병이 들게 되면 의료보험 등의 아무런 혜택이나 보장없이 죽음을 기다려야 하는 처지였다. 당연히 극도의 사회 불평등 및 열악한 노동환경 등이 심각한 사회문제로 대두되었다. 산업혁명이 최초로 발생하고 자본적 프로세스가 인류최초로 발전하면서 극도의 시행착오를 겪고 있던 시절, 영국에 거주하고 있던 마르크스는 이러한 사회 환경 속에서 의식 있는 지식인으로서 자본의 순환구조, 화폐의 역할, 경제구조 등을 근본적으로 연구하기 시작하여 모순구조를 밝혀내는 작업을 수행했다.

마르크스는 이런 사회의 모순구조를 밝히기 위해 정치, 문화 법률 등의 하부구조 개념을 만들어냈다. 당시 하부구조와 상부구조의 개념을 만들어 낸 것은 매우 혁신적인 것이었다. 그는 **'심각한 사회적 불평등을 만들어내는 측면에는 경제가 주도적인 역할을 하고 있다'** 라고 하는 사고(경제라는 토대 위에 법률적, 문화적, 정치적 관계들이 성립할 수 있다는 가정)를 수립하게 되

82. 마르크스와 알튀세르의 사회구조의 차이점

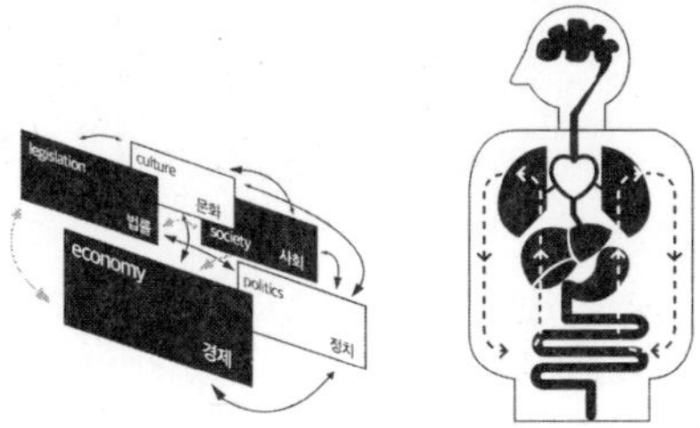

83

는데 이것은 당시로서는 매우 획기적인 것이었다. 오늘날의 시각으로 보면 너무나 당연하고 이상할 것이 없는 주장이지만 당시 자본주의가 최초로 발전하고 있던 시기에는 이렇게 경제학적 시각의 접근방식이 부족했던 것이다. 이것은 마치 프로이트가 무의식과 의식을 구분하고 본능적인 이드Id와 자아Ego, 초자아Super ego로 인간의식을 구분하여 상호작용을 파악하고자 했던 것만큼이나 획기적인 것이었다. 다시 말해, 사회의 구조 중에 다른 원인보다도 경제적인 것에 의해 착취와 억압의 모순구조가 심화되고 있다는 것이다.

물론 이후 알튀세르는 이것을 전면으로 비판했다. 경제구조가 큰 요인이기는 하지만, 그렇다고 그것이 전부는 아니라고 알튀세르는 주장한다. 그는 정치나, 법률, 문화, 사회적·요인들이 서로 유기적으로 영향을 미치면서 사회구조를 형성한다고 주장한다. 이 지점에서 알튀세르는 '중층결정이론'을 주장한다. 이렇게 사회의 구조(억압과 착취, 통제)를 이루는 요소들이 레이어(층)을 이루거나 인간의 오장육부가 서로 영향을 미치면서 서로 상호작용을 이루어 통제의 구조가 공고화되고 있다는 것이다. 이러한 요소들이 일상의 통제적 요소로 작용하고 있다는 것이 그의 이론이고 이것은 후기 마르크시즘의 기본적 입장이 되었다.

알튀세르의 사유로 현대세계를 이해하고자 하면 마르크스의 사유는 무언가 너무 극단적인 것 같고 잘못된 것 같다는 생각이 들 수도 있다. 그러나 마르

83. 알튀세르의 중층이론과 유기적 연관관계

크스의 사유가 잘못되었다고 생각하기 이전에 그가 살던 시대를 상상해보는 것이 필요하다. 마르크스가 살던 시기에는 신흥자본에 의한 폐해가 너무나도 심각했던 시기였기 때문에 당시의 시대를 고려하는 것이 중요하다고 할 수 있다. 그가 생존했던 시기에는 그의 일차원적인 경제적 사유만으로도 충분히 그 시대를 이해할 수 있는 틀이었다. 자본이 극단적으로 현대의 복잡다단한 요소들에 상호영향을 주는 상황에서는 알튀세르의 방식이 세계를 이해할 때 더 적절하다고 인정할 수 있다.

한편, 마르크스는 화폐와 노동의 개념을 생각해 냈다. 즉, 그는 화폐와 노동으로 가치단위를 환산하여 당시 경제 시스템을 분석했다. 여기에서 모던사회를 분석하는데 가장 중요한 요소인 소외疏外의 개념이 나타나게 된다.

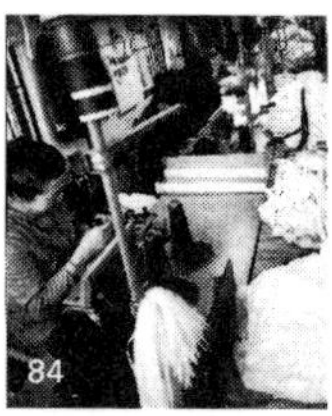

자신이 필요에 의해 스스로 노동을 하고 이를 통해 특정 물건을 만들어 냈다고 가정하자. 예를 들어 '벤치'를 만들었다고 하자. 만약 우리가 그 벤치를 만들어 자신도 잘 사용하고 보기에도 좋았다면 만들고 난 다음 매우 뿌듯하고 성취감도 느끼게 될 것이다.
내가 직접 만든 '벤치라는 사물'에 자신도 앉고 마을 사람들도 편안하게 앉아 쉬는 모습을 보면서 뿌듯한 감정을 느낄 수도 있을 것이다. 어떤 사람이 마을 앞의 개천에 사람들이 지나다닐 수 있도록 작은 다리를 놓았다고 생각해보자. 비록 볼품없이 엉성하지만 많은 사람들이 편하게 지나다니고 감사하게 느끼면서 서로에게 덕담을 나누는 풍경은 참으로 아름다운 장면이다. 그 다리를 만든 사람은 뿌듯함을 느끼게 될 것이다. 다리를 만든 사람은 노동을 통해 일종의 자아를 실현하고 자기가 만든 사물에 애착심도 생기게 될 것이다.

84. 노동과 소외

그러나 이와는 정반대의 상황이 있다. 여러분이 자동차 공장의 직원이라고 가정해보자. 그 직원은 값비싼 자동차를 열심히 제작한다. 그러나 그의 임금은 얼마 되지 않는다. 만약, 공장 노동자가 몇 달을 일해도 자신이 조립한 자동차를 살 수 있기는커녕 단지 일부 부품정도만 살 수 있는 정도밖에 되지 않는다면 어떤 감정이 들까? 몇 달 동안 열심히 일해서 수백 대의 비싼 자동차를 만들었다고 가정해 보자. 그 노동자가 하루의 일을 마치고 거리에 나가서 쇼윈도우에 전시되어 있는 자신이 만든 자동차를 발견했다. 그러나 살 수 없이 바라만 볼 수밖에 없는 자신을 느낄 때 어떤 감정이 들까? 더 심하게는 자신의 초라한 행색에 자동차 딜러로부터 문전박대와 비슷한 대우를 받았다면 어떤 감정이 들까? 그 다음부터는 이상하게도 자신이 열심히 생산한 물질이 자신을 소외시키는 이상한 관계가 시작된다는 것을 느끼게 될 것이다. 세상에 나가보면 휘황찬란한 상점에 값비싼 상품이 가득 전시되어 있는데 자신이 한 달동안 혹은 일 년, 이 년 동안 힘들게 일해도 살 수 없는 물건이 너무나 많다면 정말 슬픈 현실일 것이다. 물질만능화가 더욱 만연하고 있는 오늘날 그러한 소외현상은 도처에서 계속 일어나고 있다.

다음으로 중요한 개념으로, 마르크스는 노동시간의 모순에 대해서 말하고 있다. 당시의 자본과 생산수단을 독점하고 있는 부르주아(자본가)들은 어떻게든 노동자들을 한정된 시간동안에 최대한의 노동력을 착취하기 위해 연구에 연구를 거듭했다. 자연스럽게 동일한 시간에 더 적은 임금으로 최대한의 생산성을 성취하기 위해 비인간적인 대우의 방법론들이 더욱 정교화되고 노동환경은 더욱 악화되었다. 찰리 채플린이 연기한 '모던타임즈' 라는 영화를 보면 기계 부품화되어 가련한 생을 살아가는 현대인의 일면을 익살스러우면서도 애처롭게 잘 표현하고 있다.

또 한 가지 마르크스 사상의 중요한 측면은 경제적 측면에서 인간을 부르주아와 프롤레타리아라는 새로운 계급적 측면으로 구분하여 역학관계를 규명하려 했으며 사회운동의 원동력으로 삼으려고 했다는 점이다. 이러한 구분 역시 후대에 대단히 큰 영향을 준 개념정립이었다. 계급간의 투쟁을 독려했던 그의 개념으로 인해 인류역사에 전무후무한(현재도 일부 진행중인) 사회주의적인 실험이 일어났으며 많은 영향을 준 것은 자명하다. 즉, 마르크스는 프롤레타리아 계급이 단결하여 모순으로 가득한 사회를 전복시키고 프롤레타리아가 진정한 주인이 되는 사회를 꿈꾸었던 것이다.

그의 이론은 유동성이 어느 정도 보장된 현대 자본사회를 이분법으로 획일화시켜 나눈다는 점에서 비판을 받을 여지가 있다. 마르크스는 정신이 그 시대의 모든 사회경제적 역사적 현실을 주도한다고 본 헤겔과는 달리 물질적 경제 구조가 그 시대상황을 주도하고, 그 시대의 정신적 생산 즉 그 시대의 철학, 문화, 예술 등은 오히려 그 물질적 생산에 의존하는 것이라고 주장한다. 그 점에서 마르크스는 헤겔의 유물사관의 계보를 잇고 있지만 그의 담론은 관념에만 머물지 않고 사회참여와 실천을 통해 사회를 변혁시킬 수 있는 토대를 마련해주었다.

85. 영화 모던타임즈

마르크스는 이러한 물질적 생산과정을 구성하는 것으로서 세 가지 요소를 들고 있는데 그것이 곧 생산수단, 생산력, 생산관계이다. 프롤레타리아와 부르주아의 관계설정과 자본가의 소유인 생산수단(공장)과 생산력 등이 그에게는 모던사회를 규정하는 요소들이다. 그는 물질적 생산 토대(경제구조) 위에 법률적 정치적 상부 구조가 세워지며, 이 토대에 일정한 사회적 의식 형태가 부차적으로 작용을 하는 것으로 보았다. 그는 인간의 의식이 그 존재를 규정하는 것이 아니라, 거꾸로 인간의 사회적 존재가 그 의식을 규정하는 것으로 본 것이다. 이곳이 바로 기존 철학에서 중시한 관념론적 가치들이 붕괴되는 지점이다. 이것은 자본이 인류 역사상 처음으로 대규모로 발전하면서 생겼던 극도의 폐해적 현상 가운데 나온 사고라고 할 수 있다.

사실, 경제적인 측면에서 세상을 자본가와 프롤레타리아로 구분하고 생산력을 소유한 자와 그렇지 못 한자로 나눈 것은 마치 프로이트가 인간의 정신을 이드, 자아, 초자아로 나누어 분석하여 새로운 세계를 개척한 것만큼이나 개념상 획기적인 것이다. 이러한 이분법적인 구도와 사유방식을 생각해낸 것이 공산주의라는 인류역사상 전대미문의 대규모의 폭력적 사회실험을 하게 된 사유의 시초를 제공하게 되었다.

현대 물질과학의 눈부신 발전과 자본주의와 공산주의의 대립 이후 자본주의가 득세한 세상을 살고 있는 현대인은, 헤겔의 절대정신의 방향성과 유물론 및 자본의 순환구조에 대한 담론을 떠나서 이야기하기 힘든 세상이 되었다. 앞으로도 철학적 논의는 이러한 면에서 많은 부분이 시작되거나 극복하기 위해 논의될 것이다. 우리의 먹고사는 문제가 직접적으로 자본과 항상 연결되어 작동되고 있기 때문이다. 그만큼 현대건축을 논하는 부분에 있어서도 그의 사유체계는 매우 중요한 자리를 차지하고 있다.

86

87

88

독일철학자인 아도르노, 호르크하이머는 1차 및 2차 세계대전을 겪은 세대이다. 그들도 특히, 2차 세계대전동안 나치의 압제를 피해 미국으로 도피해 있다가 2차 세계대전 후 독일로 귀국하여 '프랑크푸르트학파'를 형성했다. 이들이 1세대를 이루고 이후 하버마스가 다음 세대를 이어받았으며 최근 악셀 호네트가 이 학파의 3세대를 이루고 있다. 이들에 대해서는 이후에 논의하도록 할 것이다. 그들은 양차 세계대전을 몸소 겪는 동안, 데카르트 사고체계 이후의 이성의 확신과 계몽시대 이후의 이성에 대한 맹종이 이러한 비참한 결과를 가져왔다는 점을 뼈저리게 인식했다. 이성이 극도로 신봉되었던 시기가 다른 한편으로는 서구열강이 상대적으로 전 세계에 상대적으로 물질문명이 덜 발달했던 나라들을 식민지배하면서 폭력을 행사하고 자신들의 배를 불리기에 급급했던 시기와 맞물리는 것은 결코 우연이 아니다. 이 시기 이후에는 당시 강대국간 끝이 없는 소모적인 전쟁이 계속 벌어지다가 결국은 전 세계가 전쟁에 휘말리는 1, 2차 세계대전이 발생하게 되었다.

86. 호르크하이머 초상
87. 2세대 하버마스
88. 3세대 악셀 호네트

아도르노와 호르크하이머는 세계대전을 피해 미국으로 망명했고 그곳에 이주하여 생활하는 가운데 상업주의에 극도로 찌든 미국사회의 어둡고 씁쓸한 단면들을 발견하고 경험하게 된다. 새로운 세계를 찾아 떠난 그들은 다시 한 번 절망하게 된다. 그들은 현대 기술의 진보와 분배와 평등이 적절하게 상호 균형을 이루지 못하고 기술만이 비약적으로 발전되는 과정이 급속도로 진행되는 것이 문제점이라고 생각했다. 특히 호르크하이머는 인간의 존엄성이 자본사회의 시스템상에서 교환가치와 도구적 이성으로 인해 심각하게 훼손되는 장면들을 목격했다. 현대자본사회에서는 실제로 이러한 관점으로 사람을 판단하고 이용한다. 인간을 하나의 인격체로 생각하기보다는 타고 다니는 자동차로, 혹은 재산으로 그 사람을 판단하며 대우하는 경향이 강해진다.

또한 노동 관점으로 보면 인간관계도 달라진다. 사람을 인격체로 대하기보다는 '이 사람을 돈을 주고 몇 시간을 부리면(노동을 시키면) 그 시간 동안에 얼마만큼의 이익을 뽑아낼 수 있겠지'. '이 사람과의 관계를 지속할 때 나와는 금전적 부분에서 어떠한 이해관계가 생길 가능성이 있고 어느정도의 이익이 생길 수 있겠지' 라는 계산을 끊임없이 하게 된다. 물론 이것은 인간세계에서 꼭 자본주의가 아닌 상황에서도 자연스러운 것이지만 자본하에서는 이러한 상황이 유독 더 극명하게 드러난다. 즉 인간을 '교환가치'의 대상으로 전락시키는 것은 인간의 본성이 원래 그래서라기보다는 자본주의 시스템의 특성상 자연스럽게 그렇게 하도록 강요하는 면이 있기 때문이다. 법칙과 구조가 사람을 그렇게 만들게 된다.

어느 도시에서 일어날 수 있는 사례를 들어보자. 공장 노동자인 미국의 한 가난한 과부가 공장에서 일하다가 노동을 마치고 허겁지겁 나온다. 탁아소에 맡겨놓은 아이를 데리고 나와 생필품을 구매하기 위해 위해서이다. 아이들을 데리고 거대한 쇼핑몰에서 몇몇 물품을 담아 쇼핑카트를 밀고 계산대로 힘없이 향한다. 계산대에는 엄청나게 긴 줄의 사람들이 계산을 기다리고 있는 광경이 펼쳐진다. 사람들은 대부분 무표정하거나 짜증난 얼굴로 서있다. 한참동안의 시간을 기다려 자신의 차례가 오고, 계산을 하다보니 가난한 과부는 돈이 모자란다. 고른 물건 중에 잠시 생각하다가 모자란 돈을 맞추기 위해 물건 2개를 못 사겠다고 내려놓는다.(신용카드가 없던 시절) 점원은 '그래도 돈이 모자라요!' 라고 짜증섞인 목소리로 쏘아붙인다. 또 몇몇 물품을 내려놓는다. '아직도요!' 계산원은 경멸의 눈초리를 보낸다. 뒷줄에 서있는 사람들은 짜증을 못 견디고 투덜대기 시작한다. 업고 있던 아기는 울기 시작한다. 진땀나는 상황에서 창피한 감정을 느끼며 잔돈까지 몽땅 털어서 계산을 마치고 아직 할부가 한참이나 남은 차로 도망치듯 서둘러 나간다. 이 장면은 현대를 살아가는 사람들이라면 어느 도시에서나 경험했을 법한 장면이다. 쇼핑몰이라는 현대적 건축시설의 시스템 속에서 어떻게 보면 사람은 계산하고 신속하게 나가야 하는 부품과 같은 존재로 전락한 모습이 나타나는데 이것은 자본주의 하의 일상생활에서 피할 수 없는 현실이다.

89. 쇼핑시스템

이러한 장면이 비단 호르크하이머가 목격한 미국사회의 모습 뿐일까? 오늘날의 우리 사회에서도 목격할 수도 있는 애처로운 장면이다. 자본사회의 시스템 하에서는 어쩔 수 없이 씁쓸한 기분을 볼 수밖에 없는 상황들이 우리 주위에서 자주 목격된다. 아도르노와 호르크하이머는 특히 미국에서 자본사회의 어두운 면을 보고 이성 중심의 현대 산업사회 일반이 총체적인 억압과 소외의 체계를 구축하게 되었다는 결론을 내리게 되었다.

한편, 20세기의 인류의 어두운 부분을 분석한 에리히 프롬은 아도르노와 호르크하이머와 함께 초창기 프랑크푸르트 사회연구소를 설립하는데 참여했다. '자유로부터의 도피'라는 고전의 반열에 오른 저서를 통해 그는 현대사회의 인간의 심리적 요소를 심층적으로 분석했다.
우리는 서구문명의 결정적인 악의 화신인 히틀러와 같은 괴물이 어떻게 나왔는가를 곰곰이 고찰해 볼 필요가 있다. 단순히 그 한 사람의 잘못된 생각만이 문제가 아니라 당시 히틀러의 사유와 행위 그리고 그 결과는 독일인의 심리와 욕망이 대리된 것이라고 보아야 할 것이다.
프롬이 생각하기에 인간 개인에게는 자신 스스로 독립적으로 꿋꿋하게 서려고 하는 것보다는 무언가 조직에 포함되어 안도하려고 하는 의식, 즉 굴종적(노예적) 자세나 심리가 존재한다고 보았다. 또한 인간에게는 열등한 사람에게는 사디즘sadism[11]적, 자신보다 우등한 사람에게는 마조히즘masochism[12]적인 심리를 가지려고 하는 속성이 있다. 또한 군중 속으로 몰입하여 안정적인 심리를 가지려고 하는 특성도 있다. 다시 말해, 프롬은 인간에게는 가학적인 사디즘적인 특성뿐만 아니라 스스로 피학적으로 고통받으면서 안심하고자 하는 특성이 있다는 것을 밝힘으로써 충격을 안겨주었다. 알고 보면 심리적으로 사람은 이러한 두 가지가 공존하는 동전의 양면과 같은 것이라는 주장을 펼친다. 대중에 편승하려고 하려는 심리 이것이 바로 인간의 본질적인 심리임을 밝힌 것이다. 자유·평등·평화로 상징되는 프랑스

11) 성적 대상에게 고통을 줌으로써 성적인 쾌감을 얻는 이상 성행위.
가학증 또는 학대음란증이라고 한다. 프랑스 문학가 사드로부터 유래되었다.
12) 이성(異性)으로부터 정신적·육체적 학대를 받는 데서 성적 쾌감을 느끼는 변태 성욕. 오스트리아의 소설가 자허마조흐가 자신에게 내재한 이런 경향을 소설 속의 한 인물로 그려 냄으로써 명칭이 붙여졌다.

혁명과 같은 자유를 원하는 것들을 성취한 인류에게 1, 2차 세계대전이라는 불행한 역사는 이러한 인간의 특성에 기인한다는 것이다. 자유는 이미 완성 단계에 도달했지만 오히려 그 단계에서 다른 곳으로 도피하게 되었다는 것이다.

독일 국민이 결정적인 순간에 도피하게 된 것, 개인이 아닌 전체주의(파시즘)로 도피해나가는 속성 그리고 열등함을 파괴의 본능으로 이끄는 인류의 본성이 역사에 존재했다는 점은 매우 역설적이고 아이러니하다.

-아도르노의 부정변증법

나치의 압제와 미국에서 자본주의의 부정적 측면을 경험한 아도르노에게 기존의 이성중심체계를 근본적으로 변화시킬 사유를 찾는 것이 근본적 화두였다. 아도르노는 독일철학의 계보인 칸트, 헤겔, 하이데거의 철학에 대해 비판하며 새로운 철학인 부정변증법을 구축하고자 했다. 그는 헤겔철학까지 철학사는 생각하는 주체가 개념을 만들고 그에 따른 사물(객체)가 일치되는 것만을 인정해 왔다. 데카르트적 사유의 폐해로 인식되는 대상화에 대한 폐해는 그렇게 해서 나오게 된다. 그래서 그는 대상 또는 사물 그 자체의 특성을 중시하여 판단하고자 했다. 일종의 역발상이라고 볼 수 있다.

헤겔의 서구사상의 전통 하에서 주체의 생각을 우위에 두는 프레임 속에 대상을 분류하는 방식이다. 자연스럽게 사물(객체)는 대상화의 굴레에서 자유로울 수 없다. 또 아도르노는 헤겔의 변증법이 부정의 부정을 긍정이라고 봄으로써 이전의 상황에 대한 부정으로 등장하는 새로운 상황을 무조건 긍정적인 것으로 규정하는 오류를 범하였다고 본다. 헤겔이 부정의 부정을 긍정으로 간주한 것은 그가 주관우위의 관념론으로부터 사유가 시작되었기 때문이다.

정, 반, 합의 매개적 사고는 하나의 정이 있으면 그것을 부정하는 '반'이 있는 대립적인 것을 통해 발전하는 방법론이다. 즉 부정의 부정을 통해 긍정을 만들어내는 동일포섭의 생각인 것이다 . 그는 동일화에 의해 억압된 것에 가려 표현되지 못하는것들의 가능성의 영역을 끌어들이려 했다.
아도르노는 주체에 의해 객체를 대상으로 인식하지 않고 주체와 객체의 짜임관계Konstellation을 중시한다. 아도르노는 객체 우위를 주장함으로써 주관의 생각으로 이루어지는 개념적인 것만 중시하는 사고체계에서 벗어나 비개념적인 것을 중시함으로써 관념론이 파시즘과 전체주의로 흐르는 것을 막을 수 있다고 보았다. 그는 하이데거 역시 관념론에 빠져있다고 비판한다. 헤겔을 관념론의 대표주자로 비판했지만 존재자를 존재자체를 통해 파악하는 행위 자체는 결국 주관적인 판단에 지나지 않는다는 것이다.

헤겔의 관점에서 동일성에 포섭되어 개념이 되지 못한 것(비동일성)을 사고하는 것이 그에게는 중요하며 아도르노의 이러한 비동일자 중심 사상은 포스트모더니즘적 철학에 많은 영향을 주었다. 관념적으로 정립되었던 이성, 합리성, 진보 등에 대한 비판과 차이를 강조한 그의 사유는 일견 포스트모더니즘과 유사한 행보를 보일 수도 있기 때문이다. 그러나 프랑크푸르트학파의 계보는 이성적인 과정을 부정하지 않고 이성의 긍정적 진보를 믿는 사유를 추구했으며 관념적 요소를 계속해서 사유함으로써 포스트모더니즘과 일정 거리를 두고 있다.

1019 알튀세르의 사고체계

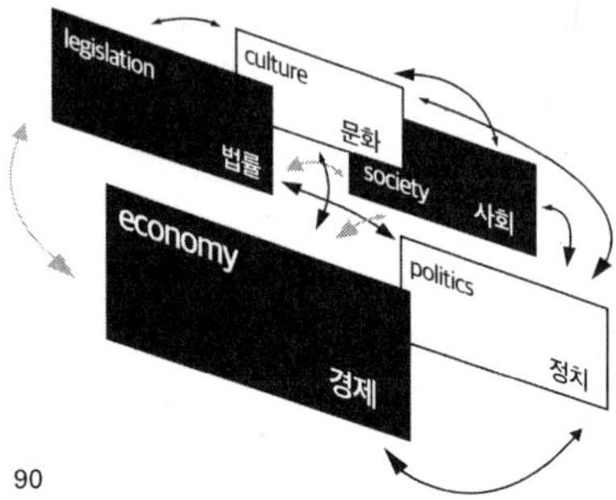

90

알튀세르는 마르크스가 생각한 바와 같이 경제가 토대가 되고 법률과 정치, 문화 사회 등이 위주가 되는 착취와 억압의 모순된 체계로 이루어진다는 생각을 비판한다. 경제가 착취의 모순구조를 만들어내는 중요한 요인이 되기는 하지만 그는 그것만이 전부라고 생각하지는 않았다. 마르크스 시대의 상황에서는 그 상황(이데올로기 체계)에 맞는 질문구조가 있었고 그것이 당시에 합당한 답안을 만들어내게 된다. 그러나 새로운 형식의 답을 만들어내기 위해서는 그에 맞는 새로운 구조를 만들어야 하며 그 구조 자체에 새로운 해답이 있는 것이라고 알튀세르는 주장한다. 또한 헤겔의 영향을 깊게 받은 마르크스는 헤겔적인 단순 매개구조(정 vs. 반)에 집중하였지만 알튀세르는 이분법적인 구도가 아닌 다층적 구조에 의해 상호영향을 주고 받으면서 사회는 발전해 나간다는 견해를 지니고 있었다. 그는 이러한 구조가 서로 유기적으로 몸속의 내장과 같이 상호 영향을 주며 하나의 시스템화가 된다고 생각한 것이다. 사실, 자본주의 사회에서는 경제가 엄청난 영향력을 발휘하기는 하지만 그렇다고 무소불위의 막강한 힘을 가진 것만은 아니다. 때로는 정치적 세력에, 때로는 법률적 구조가 더욱 강력하게 일반 대중들을 억압하거

90. 알튀세르의 중층이론

나 통제하고 교화하고 착취하는 체계로 다가오는 경우도 많다. 그래서 알튀세르는 중층결정이라는 단어를 사용한다. 이 장면에서는 마치, 여러 개의 켜(레이어)가 겹쳐져서 상호작용을 하는 방식으로 나타나게 된다. 사실, 도시에서도 경제적인 것, 기타 사회문화 전반에 걸친 다양한 변수에 의해 영향을 받고 유기체와 같이 변화하는 모습을 관찰할 수 있다. 그리고 알튀세르는 국가가 이러한 억압 및 착취구조를 공고히 하거나 안정적으로 하기 위해서 사회 전체를 공고한 이데올로기 체계로 만들었다고 한다. 특히 군대와 학교, 교도소와 같은 교정시설 등은 직접적인 '이데올로기 장치'라고 할 수 있다. 일상에서 벌어지는 다종다양한 통제적, 억압적 시스템이 점차 교묘해지고 세련되게 되어 자연스럽게 길들여지게 하는 요소들을 비판하고 개선하려고 하는 움직임을 보이는 움직임들은 대부분 마르크시즘과 알튀세르의 이론에 바탕을 둔 경우가 많다고 할 수 있다. 이점에 대해서는 6권 '통제의 사유'에서 본격적으로 살펴볼 것이다. 지리학 분야에서 비판적으로 정치경제학적 논의를 하는 사람들은 대부분 후기 마르크스주의자라고 할 수 있다.

–중층결정 및 이데올로기 장치

이데올로기라는 단어는 19세기 관념학의 의미로 만들어진 것으로 형이상학에 대비되는 과학적 관념학의 의미를 지니고 있었으나 이후 부정적인 단어로 사용되게 되었다. 마르크스가 만든 것은 모든 사회구성체의 본질을 이루는 구조(토대)-상부구조의 복합체이며, 그 복합체에 있어서의 다양한 차원의 관계라는 새로운 개념이었다. 앞서 언급한대로 사회는 복합적인 구조를 가지고 있다. 여기에는 다양한 심급審級이 존재하며, 역사는 다양한 켜layer 사이에서의 역학관계에 의해 결정된다. 다시 말해 현대사회의 사회통제와 구조는 여러 가지 복합적인 원인이 복합적인 측면으로 나타나게 된다는 것이다. 경제라는 하부구조로부터 모든 것이 원인이 되는 것이 아니라는 것이다. 그는 사회에 존재하는 다양한 영역을 단일한 원인(신, 물질, 경제 등)으로 바라보는 것은 철학사에서 형이상학적인 것에 한참동안을 매달려온 것과 별 다를 바가 없다고 생각한다. 알튀세르는 경제체계가 상부체계를 결정짓는 유일한 요소가 아니라고 주장한다. 그는 경제가 문화와 정치에 의해 겹쳐지고 상호 영향을 주고받고 권력체계가 된 것이라고 주장하면서 '중층결정'을 제시한다. 알튀세르는 이러한 구조가 여러 가지 요인이 상호 작용하면서 억압과 통제의 구조가 생긴다고 말하며 이것을 '이데올로기 장치' 라고 생각했다. 그리고 단순히 이것은 이념 등으로만 존재하는 것이 아니라 우리 실생활에 구체적인 요소들로 자리잡고 있는데 이것이 이데올로기 장치로 위의 일상을 통제하는 것이라고 생각했다.

그는 독일 관념론의 이데올로기와 마르크스주의에 이어지는 학문 체계가 경제적인 것에 핵심적인 중요성을 부여한 것에 비해서 사회의 가지각색의 일상적 실천속에서 이데올로기가 형성된다는 것을 발견해 낸 것이다. 이데올로기 장치는 개인(주체)을 형성하는 이데올로기가 현실에서 기능하는 사회공간, 그 자체를 의미한다. 단순히 법과 이데올로기적인 것만이 그러한 역할을 수행하는 것이 아니라 모든 제도적인 요소 역시 이데올로기로 보고 있다. 그는 학교, 종교, 이익단체, 미디어 등의 요소들도 역시 이데올로기 장치로서의 기능을 담당하고 있다고 생각했다. 이것들은 국가를 유지하고 재생산하는 시스템으로 거듭나는 요소들로 보는 것이다. 알튀세르의 사고는 건축, 도시분야에도 많은 영향을 주었다. 알튀세르의 담론은 포스트모던 시대 이후의 포스트마르크시즘적인 체계로 문화나 각종 사회현상이 이렇게 중층결정화 되는 과정속에서 사회구조가 어떻게 일상세계를 지배하는 시스템으로 변화되어 나갔는가를 비판적으로 바라보고 자신들의 목소리를 내놓았던 캘리포니아 학파(데이비드 하비, 에드워드 소야 등)에 많은 영향을 주었으며 도시지리학 및 건축분야의 담론형성에 도움을 주었다.

발터 벤야민과 모더니티

1020 모더니티와 모더니즘

일반적으로 학생들의 경우 모더니티Modernity와 모더니즘Modernism에 대해서 혼동하거나 개념의 정립이 어려운 경우가 많다. 모더니티란 근세이후 과학기술의 발전과 사회적 변혁으로 인해 벌어지는 전반적인 사회구조의 특성을 말하는 경우가 많다. 이 단어는 산업혁명의 시기 이후로, 발생하게 되었던 대도시(메트로폴리스)의 탄생, 과학기술의 급격한 발전으로 인한 변화, 교통기술의 발전으로 인한 시공간의 압착현상, 대규모 군중, 소외 현상 등의 특성 전반을 나타내는 것이다. 1750년대 산업혁명 이후 이성의 발전으로 인한 변화는 일찍이 인류가 경험하지 못했던 대규모의 급격한 변화였다. 이것은 인류에게 대단한 충격으로 다가오는 것이었다. 모던이라는 근대적 속성으로 인해 나타나는 사회의 변화 양태들을 우리는 모더니티라고 생각할 수 있다.

모더니즘이란 무엇인가?

모더니즘이란 모더니티의 속성을 일으키도록 만든 근저의 정신적 활동이며 그것으로 나타나는 표현경향을 통틀어 이야기한다.

모더니즘은 도시를 기반으로 한 젊은 엘리트들이 모더니티의 특성(과학, 기술, 스피드 혁명 등)으로 나타나는 요소들을 이용하여 이전에는 없었던 전혀 새로운 방식으로 사회를 심층 구조로부터 변혁시키고자 하는 사회적 원동력을 말한다.

여기서 '모더니티의 특성과 함께' 라는 부분을 생각했을 때 일반적으로 모더니티의 특성이 먼저 발생하고 그 다음에 후발적으로 모더니즘의 양식적 특성이 나타난다고 생각하기 쉽다. 그러나 사실, 모더니티와 모더니즘은 "달걀이 먼저냐 닭이 먼저이냐?" 하는 논의와 같이 선후관계를 명확하게 나눌 수 없는 특성이 있다. 사회적 특성과 그것을 촉발시킨 정신계의 흐름과 표현양상은 동시대에 상호 긴밀하게 영향을 주고받으며 변화하게 되기 때문이다. 대부분 모더니즘이 발생했던 장소는 교외나 지방이 아닌 '도시'를 기반으로 하는 것이다. 이전에 인류가 경험하지 못했던 대규모 도시가 발생한 상황에서 젊은 엘리트들은 활발한 운동을 벌이며 그들의 이상을 성취하기 위해 실천했다. 이들은 이전에는 볼 수 없었던 획기적인 수준의 과학, 기술, 스피드를 이용하거나 그것이 여의치 않을 때는 혁명을 일으켜서 혁신적인 사회발전을 이룩했다. 그들이 주체가 되어 이전의 시기와는 완전히 분리(단절)된 듯한 전혀 새로운 세상을 만들어낸 것이다.

이탈리아 미래파로 분류되는 건축 및 작품들을 살펴보면 이전의 작품방식과는 완전히 단절된 채 전혀 새로운 양상을 확인할 수 있다. 보치오니의 작품들은 사람의 걷는 움직임을 역동적인 형태로 동상으로 표현하여 움직임과 시간성을 표현했다. 안토니오 상텔리아의 비행장과 기차역이 결합된 대규모 건축물의 계획안은 오늘날의 TOD(Transit Oriented Development) 중심의 대규모 복합역사개발의 장면보다 더욱 현대적인 느낌이 들 정도로 혁신적인 이미지이다.

이처럼 주체적인 당시 엘리트들은 이전에는 찾아볼 수 없었던 전혀 새로운 방식으로 사회를 변화시키려고 했다. 이 시기에 사람들은 전제군주의 압제에서 벗어나 새롭게 빠르게 변혁되는 시대적 상황에서 이성을 신봉하고 절대정신(변증법적 발전방향)에 도달하기 위해 과감하게 행동했다.

91. 안토니오 상텔리아 계획안의 모델링

안토니오 상텔리아 계획안.
오늘날의 각종 교통의 집중을 예견한
상상력을 보여준다.

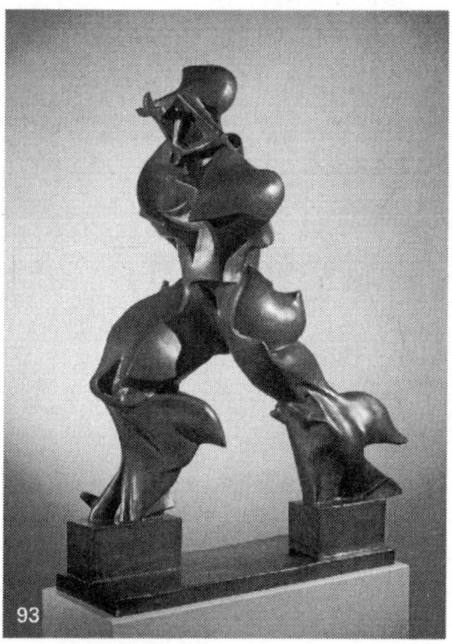

92. 안토니오 상텔리아 계획안
93. Umberto Boccioni, Unique Forms of Continuity in Space (1913)
94. Giacomo Balla 미래파 작품

영화 '타이타닉'을 보면 당시 가장 규모가 큰 배로 가장 빠르게 유럽에서 미국 신대륙에 도달하려는 경쟁이 치열하게 벌어지면서 기술의 발전을 시험삼는 사회적 분위기에 대한 설명이 나오는 장면이 있다. 이 영화는 앞서 언급한 과학, 기술, 스피드 등의 키워드들이 당시의 러브스토리와 함께 잘 표현된 수작이다. 이 영화는 비극적 결말이지만 사실 이 책에서의 주제이기도

95. 1936년 Casa del Fascio앞에서 열리는 집회에 모여있는 군중
주세페 테라니가 설계한 대표적인 모더니즘 건축물인 파쇼의 집 앞에서 광기에 사로잡힌 제국의 군중이 벌이는 행사장면은 모던시대의 양면성을 상징적으로 압축하여 보여준다.

한 이성(모더니티)의 어두운 면을 보여주며 비극적 가능성의 요소들을 보여주는 작품이기도 하다.

앞서 언급했듯이, 이 시기에 모더니스트 문학가들은 대부분 대도시 내에서의 '소외 현상과 덧없음'과 '빠르게 흘러감'에 대한 단상들을 주제로 시를 쓰거나 문학, 미술, 조각 등의 예술작품들을 제작했다. 새로 발생한 대도시, 아케이드속의 휘황찬란한 상품들, 스치듯 지나가는 많은 대중들, 그러나 서로 알지 못하는 대중들의 익명성의 특성들을 목격했다. 이들 작가들은 대중들(만보객flneur)이 도시 속 아케이드의 공간들을 덧없이 흘러가면서 생기는 감정, 특히 소외의 감정들을 집중적으로 표현했다. 이러한 감정은 대규모 도시가 생기기 이전 시기에는 경험하지 못했던 것이었다. 인류가 경험하지 못했던 새로운 감정과 경험을 통해 그만큼 새로운 시도의 작품들이 나타나게 되었다. 랭보, 보들레르 등의 모던계열로 분류되는 작가들을 비롯하여 많은 예술작가들이 이러한 소외적인 감정과 새로운 시대적 감성을 극단적으로 증폭시키거나 강조하는 방식으로 작품을 만들었다.

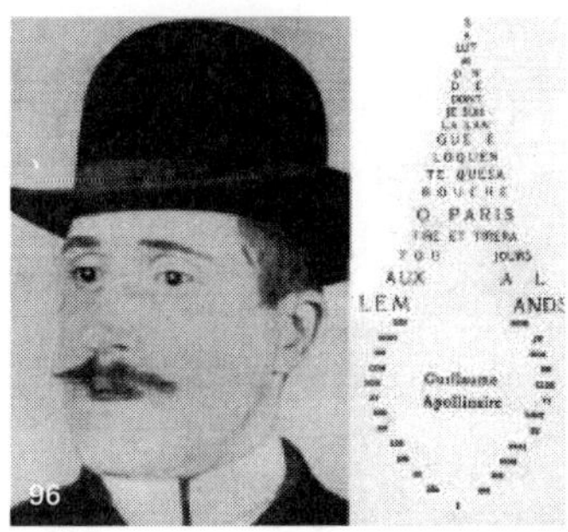

다음의 그림은 모더니즘의 시기에 아폴리네르가 쓴 시이다. 이 시는 당시 구조기술의 발전으로 인해 혁신적인 구축물을 건축하는 것이 가능했던 시기에 에펠탑의 모습을 차용하여 배치했다. 그는 이전에 없었던 그래픽과 같은 시를 창조하여 표현한 것이었다. 이렇게 모더니티의 특성에 따른 재현형태는 이렇듯 이전에는 볼 수 없었던 다양하고 독특한 방식으로 표현되면서 실험에 실험을 거듭했다. 시각예술과 음악 등에서도 기존의 표현양식을 과감하게 벗어나 파격적인 실험이 계속되었다.

96. 아폴리네르와 그의 시

1021 발터 벤야민의 사유체계

모더니티의 특성이 두드러지게 발전하고 자본이 활발하게 집적되던 모던시기에 건축분야에서 빼놓지 않고 등장하는 인물이 있다. 바로 발터 벤야민이라는 문예비평가이다. 그는 건축과 연관시켜 생각해 볼 점이 매우 많은 철학자이다. 그의 미완성 저서인 『아케이드 프로젝트』는 실제로 자본에 의해 나타나는 모던적 상업 공간의 여러 단상과 이미지를 수집하고 꼴라쥬하는 방법론을 통해 모던을 해부하고 새롭게 바라보려고 시도했던 탁월한 철학적 사유를 담고 있다. 당시의 도시사회사와 건축, 그리고 자본과 관련된 공간구조와 관련된 서적을 읽다 보면 반드시 마주치게 되는 인물이 바로 발터 벤야민이다.

그는 양립하기 힘들 것 같은 요소들을 통합하여 사유하고 이해하거나 표현할 수 있는 가능성을 시도한 문예철학자로 현대의 여러 가치, 혹은 동서양의 양립 불가능할 것 같은 가치를 변증법적 체계가 아닌 초월적 체계로 화해시키거나 소화시켜 표현할 수 있는 새로운 시각을 줄 수 있다는 점에서 매우 중요한 모던시대의 지식인이다.

벤야민은 학식이 뛰어났지만 당대에 인정받는 학자가 되지 못했으며 언어에 대한 해박한 지식을 가지고 있었으나 언어학자도 아니다. 또한 메시아적인 신학을 다루고 있으나 신학자도 아니었다. 그는 이도 저도 아니라고 볼 수 있지만 그 모든 것을 합한 것 이상의 인물이었다고 볼 수 있다. 그의 글은 문학평론가의 평론같기도 했지만 그것과도 달랐으며 풍부한 인문학적 상상력을 바탕으로 자신이 드러나는 글보다는 인용문을 즐겨 사용하여 글을 썼다. 그가 카프카 브레히트, 프루스트 등을 자주 언급한 바와 같이 그의 글은 프루스트나 아라공의 작품들과 같이 읽는 가운데 초현실주의적으로 빠져들게 만들거나 초현실주의적인 연상을 만들게 만드는 힘이 있다. 따라서

97. 발터 벤야민의 초상

발터 벤야민의 글은 초현실주의적이고 비극적인 파토스pathos[13]의 강렬한 아우라가 존재한다. 그 이유는 바로 그의 초현실주의적인 글쓰기로부터 연유한다. 『바로크 비극』, 『아케이드 프로젝트』가 벤야민의 가장 중요한 저작으로 꼽히는 이유이기도 하다.

그의 글은 우울하다고 이야기하기도 하지만 더 정확하게 '멜랑콜리melancholy하다'라고 표현해야 옳을 것이다. 그에게 멜랑콜리한 것은 우울하면서도 여러 감수성을 포함한 일종의 개념적 단어이다. 그가 강조하는 번역은 일종의 창조적 과정으로 그것은 일종의 보들레르적인 감수성을 보이는 것이다.[14]

그는 과거의 파편화된 요소들을 수집하여 다른 방식으로 그 파편더미를 해석하려고 했다. 그것은 텍스트를 해석하는 가운데 과거의 요소들에 침착하는 것이 아니라 새롭게 해석하여 현재를 재해석하기 위한 것이었으며 그런 면에서 벤야민은 2권에서 살펴볼 하이데거적Heidegger인 사유를 했던 사람이다. 그는 직관적인 사유로 파편더미에서 다른 요소들을 바라보려고 했다.

벤야민 스스로 작업하다가 미완으로 후세에 남긴 『아케이드 프로젝트』를 살펴보면, 그는 도시를 인간행위를 할 수 있도록 하는 틀과 무대로서 표현하고 있으며, 건물, 공간, 도시환경을 구성하는 기념물과 대상물들을 인간의 사회적 활동패턴에 대응하여 만들어지는 것이라고 표현하고 있다. 그는 암호해독적인 관상학적 시도(알레고리)로서 도시를 바라보았다. 이것은 현실 그대로 도시를 받아들이는 것이 아니라 다른 차원으로 도시를 읽고 해석하여 도시의 실체를 받아들일 수 있도록 머릿속의 복잡한 연상작용으로 도시를 바라보는 방법론이었다.

그는 새롭게 폭발적으로 나타나고 있던 당시 도시의 소비문화와 도시공간 구조의 질서를 파악하고자 새로운 방식으로 접근하려고 했다. 그는 새로운 도시문화를 만들어나가고 있던 파리를 사랑했다. 그러나 동시에 증오했다. 그런 측면에서 양극단을 오간 철학자라는 표현이 적합할 수 있다. 그는 상품

13) 철학용어로 정념(情念)·충동·정열 등으로 번역되며 로고스와 상대되는 말이다. 고대 그리스어 paschein(받다)에서 파생된 말로 근본적인 뜻은 '받은 상태'이다.

14) 당시 파리의 정치, 사회 문화적 풍경은 보들레르가 '넝마주의 술'에서 표현한 것처럼 '비참함과 맺는 협약'으로 은유될 만큼 멜랑콜리한 것이었다.

성이 자연스럽게 도시에 녹아들어가고 그것이 일상화되면서 소외와 교환 가치적인 폐해, 도구적 이성, 물신화와 폭력성으로 새로운 방식(알레고리 allegory)으로 드러내고자 했다.

그의 사유체계는 논리적인 철학가들의 그것과는 사뭇 다르다.
그를 설명하는 키워드는 다음과 같다.

1) 사적유물론과 메시아적 구원관을 통합하여 사고하기
2) 알레고리의 시각으로 자본주의 바라보기

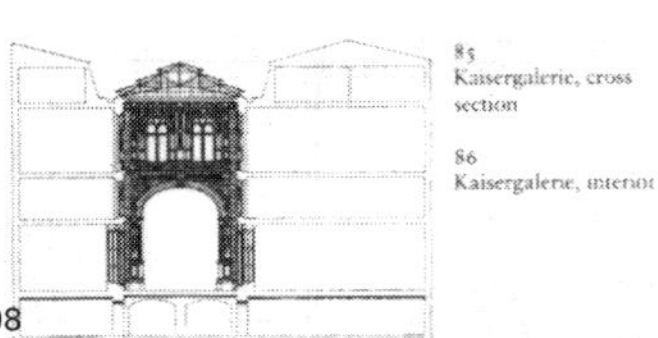

98

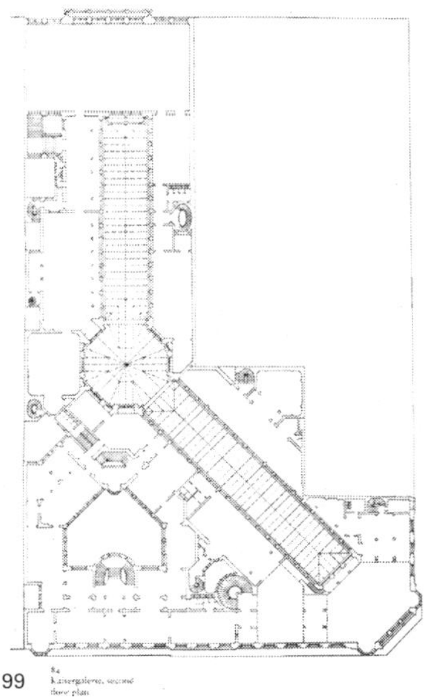
99

98. 베를린, Kaisergalerie, 입면
99. 베를린, Kaisergalerie, 평면

100. 베를린, Kaisergalerie, 교차중심부

소련 붉은광장 GUM 아케이드 내부

그는 서구 역사를 바라보는 두 개의 축이 있다고 생각했다. 그것은 기술과학의 발전이 전제되는 사적유물론과 메시아적 구원관이라는 축이다. 이 축이 서구역사의 근본적인 두 가지 중요한 축을 이루었다는 점에 대해서는 의심의 여지가 없다. 그는 당시 유행했던 사적유물론과 함께 인간의 생각과 사유체계와는 별도로 강력한 서양의 기독교적 흐름인 신학적 메시아니즘이 있다고 생각했다. 두 사유체계는 상당히 차별화된다. 앞서 살펴본 사적유물론은 물질이 변화해 온 과정에 집중한 것이다. 즉, 정신이 물질의 변화에 따라 진화하게 된다는 것이 기본적인 입장인 것이다. 그러나 오랜 세월동안 영혼의 문제를 담당했던 신학은 구세주가 재림하여 천년왕국을 만들어 줄 것이라는 믿음이 전제가 되는 학문체계이다. 생각해보면 이 두 학문은 서구문명에서 공통분모가 없이 양립하는 세계관의 두 가지 다른 축이다. 벤야민은 이렇게 당연한 듯 양립되어 굳건히 자신의 영역을 구축하고 있는 두 학문을 통합하여 생각하거나 바라보는 새로운 시도가 있어야 한다고 믿었다.

그는 기억이 물질적 환경과 연결된다고 생각하고 작업에서 항상 유년기의 공간에 대한 회상(게토지역)과 사회적 , 역사적 사실이 이미지와 함께 얽혀 들어가는 글을 뒤섞어가며 편집함으로써 색다른 이미지와 텍스트의 글쓰기 방식을 선택하고 있다. 이러한 작업 스타일은 그가 소련 영화의 거장 에이젠슈타인과의 교류를 통해 글쓰기의 몽타쥬 기법을 새롭게 시도하면서 해석의 다양성, 다공성을 , 즉흥성, 연극성에 관심을 가지게 되면서 나타나기 시작했다.

101. 에이젠슈타인의 전함 포템킨 몽타쥬

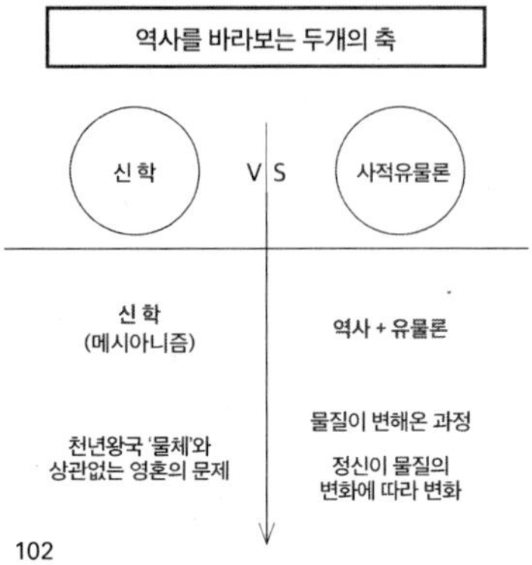

102

우선 벤야민의 방법론을 언급하기 전에 그의 생존 당시의 시대상황에 대해서 살펴볼 필요가 있다. 벤야민이 생존하던 당시 사회분위기는 크게 두 가지 사회체제가 있었다. 마르크시즘에 영향을 받아 사회주의 국가를 건설하고자 했던 세력과 자본주의를 기본으로 하는 사회세력이 그것이다.

벤야민은 파리, 베를린, 밀라노 등 서구 자본주의가 한참 활발하게 진행되던 도시의 상업 아케이드를 경험하면서 자본주의의 환상과 폐해를 목격했다. 그는 자본가들과 프롤레타리아들의 극심한 불평등과 열악한 노동환경 등을 보았으며, 환상적인 분위기의 만화경과 같은 쇼핑환경과 새로운 도시구조들을 목격했다. 당시 쇼핑 아케이드는 모든 계층의 사람들이 자유롭게 들어갈 수 있는 곳이 아니었다. 거지들과 부랑자들을 입구에서 검사하여 차별적으로 입장시키는 구조였다. 그는 자유로운 듯하면서도 차별이 존재했던 이러한 아케이드의 이중적 속성을 목도했다. 벤야민은 각국의 아케이드들을 여행하면서 이러한 여러 가지 대도시적 현상의 모습들과 단상들을 적어나가면서 자신의 생각을 발전시켜 나간 것이다.

독특한 시각으로 자본주의를 바라보았던 그는 메시아니즘에 근거하여 진정한 프롤레타리아들이 주인이 되는 세계가 완성되는 날이 바로 구원의 날, 즉 메시아니즘이 완성되는 날이 될 것이라고 소망했다. 이것은 일반적으로 신학에서 말하는 메시아니즘과는 다른 것이다. 일반적으로는 기독교에서는 메시아가 재림하면 모든 피조물들이 구원받고 무덤에서 잠든 자까지 모

102. 서구역사를 바라보는 두 가지 축

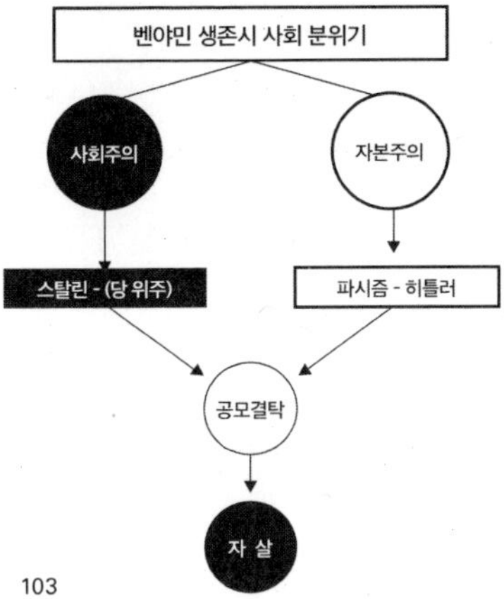

103

두 소생(휴거)한다고 믿는다. 그러나 그가 생각했던 것은 진정한 민중이 정권을 잡는 이상향적인 구도였고 그러한 측면에서 그는 트로츠키가 정권잡기를 희망했다. 그러나 그가 소망했던 메시아적 세계관의 현실적 이상은 스탈린이 이끄는 패거리와 같은 볼세비키 당 위주의 정권이 득세하고 자본주의에서는 파시즘과 히틀러의 세력이 득세하면서 점점 희망을 잃어갔다. 심지어는 히틀러와 스탈린이 상호불가침 조약을 맺으며 공모결탁하는 소식을 접하면서 그는 모든 소망을 잃어버리고 말았다. 그런데 그 소식을 접한 시점은 공교롭게도 그가 망명을 위해 국경을 넘으려던 순간이었다. 그 소식을 들었던 당일, 그는 망명조차 거부되어 나찌가 지배하는 영역의 국경에 남겨지게 되었다. 그는 피레네 산맥의 한 접경지역에서 절망감에 휩싸인 상태로 가지고 있던 몰핀으로 자살을 하게 된다. 이와 같이 그의 삶은 매우 드라마틱했다.

그의 비극적 삶과 같이 궁극적으로 그는 서구의 이성주의의 산물인 계몽주의가 인간의 이성을 극도로 신봉함으로써 유토피아와 같은 종합 및 '진보'를 하지만 결국 종착역은 '파국catastrophe'으로 결말지어질 것이라고 믿었다. 그는 모던의 사유는 전통과 급격하게 단절되고 인문과학이 발전하는 것보다 기술이 급격하게 진보함에 따라 인간의 자리가 그만큼 줄어든다는 점을 주목했다. 벤야민이 모더니즘의 신화가 하나의 체계라고 보았듯이, 모던의 사고는 신들이 사는 유토피아적인 사고와 함께 신이 사는 이상향과 같은 세계를 지향하는 것이라고 보았다. 근대적 이상향의 사고는 신들의 이상향의 사

103. 벤야민의 생존시기의 사회주의와 자본주의 상황

고이며 그 자리에 인간은 존재하지 않는다. 모던이 만들어내는 양태들은 그래서 인간적일 수 없다. 이렇게 인간의 자리가 끼어들 수 없는 신화화된 세상에서 인간적인 요소를 고려하고 대중적 취향으로 변화시키자는 것이 바로 이후 나타나게 된 '포스트모던'의 대략적인 방향성이다.

또한 벤야민이 세계를 바라보는 독특한 방식 중 중요한 것은 '알레고리'이다. 일반적인 알레고리의 의미는 '다르게 말한다'는 그리스의 allegoria라는 단어에서 나온 것으로 이중적 의미를 가진 이야기 유형을 말한다. 즉 말 그대로의 표면적인 의미와 이면적인 의미를 가지는 이야기식 유형의 내용들이 교차하여 다차원적으로 해석될 수 있는 이야기이다. 그래서 알레고리는 우화fable나 비유담farable, 혹은 역사적 설화 등과 관련되어 현실에 빗대어 말하거나 현실을 풍자하는 용도로 많이 사용된다. 일반적으로 알레고리라 함은 기존에 너무나 유명해서 잘 알고 있던 신화나 역사적 사실, 설화가 바탕이 되어 새로운 이야기 형식이나 표현형식으로 표현되었을 경우 이전의 역사적 기억과 함께 상당히 복잡한 연상 작용과 함께 심상가운데 새롭게 의미들이 구축되는 복잡한 작용을 말한다. 알레고리를 이해하기 쉬운 사례로, 영화 '왕의 남자'를 들 수 있다. 이 영화는 우리가 역사적으로 잘 알고 있는 연산군의 역사적 사실과 함께 픽션을 가미하고 그것이 현재의 우리의 정치 및 삶과 매치되면서 다양한 연상작용을 일으킨다. 그 과정에서 과거와 현재, 스토리라인의 다차원화를 이루면서 현재의 상황에 맞게 재생산시키는 과정을 일으키며 새로운 해석을 가능하게 만들어준다. 이것이 알레고리의 역할이다. 그러나 이것 역시 일반적으로 알려진 메시니즘과 같이 일반적인 알레고리와는 차이가 있다.

벤야민이 사용한 알레고리적 방식은 그의 미완성 저서 『아케이드 프로젝트』에서 나타난다. 그는 당시 자본사회의 대도시에서 발견했던 다양한 이미

지와 사진 등과 스크랩 산문체의 시와 같은 메모들을 꼴라쥬하듯이 모아 놓았다. 이렇게 다양한 이미지와 산문 스크랩이 서로 오버랩 되고 다양하게 교차하면서 새로운 심상을 만들어낸다. 이러한 작용이 계속되면 결국, 단순하게 보면 자본사회에서는 보이지 않는 도시 내의 모습을 보여주게 될 것이라고 믿었다. 이러한 과정은 상당히 비논리적인 방식으로 바라보는 것으로 볼 수 있지만 이것은 사실, 새롭게 사물을 바라보고 사회의 근본적인 모습을 제대로 파악할 수 있는 방법론이 될 가능성이 대단히 크며 이에 대한 가능성을

104. 초기 아케이드의 전경

5권 해체주의에서 더 언급할 것이다.

이제 벤야민의 알레고리로 관심을 돌리면 다음과 같다. 신학과 사적유물론 등의 두 가지를 같이 보아야 인류 및 역사를 이해할 수 있다고 생각하는 것이 바로 벤야민의 사고라고 언급한 바 있다. 그와 같이 대상을 이해하는데 있어서 헤겔의 이상론인 이데아론 및 정신(관념론)과 이성세계를 구성하는 것은 바로 물질이다. 그는 유물론적 사유에 영향을 받아 물질관계가 바뀌면 정신도 바뀔 수 있다고 생각했다. 여기서 주목할 것은 메시아주의는 메시아가 오면 억압되거나 죽었던 것이 모두 소생하고 구원(휴거)한다는 것이다. 그러나 그가 생각하는 메시아주의는 신학적인 구원이라기보다는 프롤레타리아의 억압받는 개인들이 혁명을 통해 구원받는 것을 의미한다. 그러나 벤야민 생존 당시의 현실에서는 패거리식의 볼세비키Bolsheviki[15] 공산당이 지배하면서 벤야민이 꿈꾸었던 것들이 모두 좌절되었고 결국 극단적인 선택을 하고 말았다. 메시아가 도래하는 순간은 인간세계의 신화적 열정, 감정pathos가 극대화될 때 분출되는 것이다. 그가 생각하기에 세계대전은 기술적 생산력이 포화상태에 있을 때 일어나게 되었고 인류의 가장 큰 문제는 기술의 진보와 분배와 평등이 평행하지 않고 기술만이 훨씬 더 빨리 진행되고 있었다는데 그 원인이 있었다.

아도르노가 이야기했듯이 전쟁이 왜 일어나는가에 대한 질문의 대답은

> 첫째, 기술 생산력이 포화되어 더 이상 진보될 수 없을 때이며
> 둘째, 인간의 정신이 퇴화 되거나 야만화되었을 때 라고 이야기한다.

파시즘은 강자에게 더욱 힘을 실어주고 억압해도 된다는 생각으로 한 시대를 풍미했고 약자는 더욱 억압해도 된다는 그릇된 관념을 주입시켰다. 히틀러가 특히 그러했다. 『나의 투쟁』이라는 철학서를 출판하기도 한 그의 사유는 니체의 초인의 개념과 헤겔의 진보적 역사성을 지닌 절대정신이 바그너

15) 소련공산당의 전신인 러시아사회민주노동당 정통파를 가리키는 말로 멘셰비키에 대립된 개념이며, 다수파(多數派)라는 뜻으로 과격한 혁명주의자 또는 과격파의 뜻으로도 쓰인다. [네이버 지식백과] (두산백과)

의 민족주의 음악에 영향을 받아 그릇된 방향으로 결합된 사유 및 행동방식이라고 이야기할 수 있을 것이다. 이렇게 진보적 사고관이 그릇된 윤리의 사고와 결합될 때의 결과는 이루 말할 수 없는 끔찍한 인류의 재앙으로 다가왔음을 인류는 이미 경험했다. 모던시대에 역사적 추동력은 더 이상 신이 아닌 인간의 손에 의해 진보한다는 강한 믿음을 가지고 행동으로 이끌어나가는 추동력이었고 그런 것이 우세한 시대였다.
18세기의 '계몽주의'는 인간의 '이성'을 신봉했던 사유체계이며 유토피아주의는 같이 통합되어 '진보'하여 결국 종착역으로 이르게 되는 것이 파국catastrophe이라고 그는 생각했던 것이다. 이것이 벤야민의 기본적인 생각이다. 벤야민은 이성으로서는 할 수 없는 것을 인정했다. 즉 신학으로서 대안을 찾아보려고 했던 것이다.

그는 **'역사의 신'**이라는 존재가 도래할 때 문제가 해결된다고 생각했다. 이러한 생각은 전적으로 헤겔의 변증법을 생각나게 한다. 역사의 발전과 방향성을 생각하고 양립불가능한 신학적 요소인 두 가지 매개를 병합하여 새로운 방향성의 진보를 이룰 수 있다고 생각하는 점 자체가 헤겔로부터 많은 영향을 받은 사유임을 알 수 있다. 벤야민에게 있어서 단상을 적어놓은 글들을 모아놓는 것이 한편으로는 도시와 모더니티의 상황이 만들어내는 비인간적인 상황을 총체적으로 판단하여 드러내고자 하는 목적이었을 수도 있다.

어쨌든 '통합될 수 없는 신학과 사적유물론을 어떻게 결합시키고 종합시켜야 할 것인가'가 그에게는 계속된 화두였다. 그렇기 때문에 그는 **'양극적 사유thinking of extreme**를 추구했던 철학자'라고 말할 수 있다. 서로 튀어나가려고 하는 성질이 있는 두 양극적 사유를 변증법적 사유체계를 떠나 사유할 수 있는 무언가를 시도하려고 한 것이다. 변증법은 정, 반, 합의 매개를 통해 발전을 이루어나가고 더 이상의 매개가 필요없는 상태에 도달했을 때 절대정신 혹은 세계정신에 도달한다고 했다. 즉 그것은 '정신적 유토피아'였던 것이다. '시민사회는 자체모순을 극복하고 진화한다.'라는 이후 철학자들의 주장은 이데올로기적인 비판에서 벗어나기가 쉽지 않다. 그런 의미에서 벤야민은 반 변증법론자이다. 그의 사유는 발전의 단계를 거치는 것이 아니라 양립불가능한 것들을 가지고 극한단계까지 경험해 보고 이념으로만 존재하는 것으로 남게 되었다. 개념으로만 유지하면서 정, 반, 합의 단계를 계속하는 것은 이데올로기에 지나지 않는다고 그는 생각했다.

그가 생각하기에 자본주의는 착취와 잉여가치를 통해 자본가가 잉여가치를 대부분 빼앗아가는 체계이다. 이런 체계의 결과로 프롤레타리아가 대규모로 양산된다. 기계를 통해서 생산력을 높이면 높일 수록 잉여가치가 늘어나고 생산력을 소유하는 자본가와 단순 노동자들의 소득불균형은 그만큼 심화될 수밖에 없는 구조가 된다. 따라서 유물론적 이상주의는 양면적으로 보아야 한다. 오늘날 자본주의 시스템 하에서 양극화가 심해지고 있는 것은 이러한 요소들이 과정을 더해 가면서 더욱 심화되고 있는 것으로 볼 수 있다.

벤야민은 모더니즘이 결국은 파국으로 치닫게 될 것이라고 생각했다. 당시 모던의 특성은 다음과 같이 볼 수 있다.
기술 생산력이 너무 급진적으로 발전했으므로 전통과의 완전한 단절(역사와의 연속성의 철학적인 것과의 완전한 단절을 의미한다)이 있게 된다. 급진적 변화의 긍정적인 면을 본다면 '자유'라는 개념과 평등이라는 개념이 들어올 자리가 생긴다. 그러나 그는 파국으로 치닫는 모던을 신화적인 담론체계라고 간주했다. 여기서 신화란 신들의 이야기 즉, 거인과 신들만의 이야기이다. 그의 담론체계에는 우리와 같은 사람의 존재는 없다. 너무나 거대한 이야기이자 신적인 존재들의 이야기라서 감히 인간들이 끼어들 자리가 없는 것이다. 이 담론체계에서는 기술과 합리성이 '신'이 된다. 구체적 인간은 존재하지 않는다. 신화 구조 속에서 사이렌Siren[16] 은 배가 다가오면 노래를 불러야만 한다. 그래서 신화적 존재는 운명에 묶여 있는 존재이다. 신화적 존재는 오도가도 못하게 되어있는 기계적 구조인 것이다. 놀이동산에서 아르바이트하고 있는 놀이기구 관리자들을 상기해보자. 그들은 맡겨진 시간동안 좋던 싫던 끊임없이 웃음을 짓고 기구를 움직이고 율동을 해야 한다. 매번 놀이기구가 시작되거나 끝나게 되면 똑같은 동작과 행동과 과정이 되풀이된다. 그 속에서 일하고 있는 이상 그들은 놀이동산이라는 시스템 혹은 구조 속에서의 사이렌과 같은 존재이며 운명이다. 이러한 상징적 존재와 같이 모던의 체계에서 개인은 존재가 아닌 기능으로서 살아가게 된다. 모던의 속성은 인간의 자리가 없는 신화구조이고 객체 판단구조는 통제구조에 의해서 짜여지고 구조화되어 있다. 어찌 보면 이것은 '합리성'이라는 집체화속에 나 자신을 구속시키는 체계라고도 말할 수 있을 것이다.

이러한 상황을 극복하기 위해서 벤야민식으로 생각하면 어떻게 해야 할까? 그에게는 전통적인 변증법적 요소가 아닌 다른 방식의 방법론이 필요하게 될 것이다. 즉, 벤야민은 메시아니즘이 들어가야 한다는 점을 역설하고 있다. 그에게는 공산주의도 오히려 자본주의의 길을 따라간 것으로 이해했다. 메시아니즘에서 휴거(종말론)는 일종의 계시(드러나는 것)이다. 신이 현현顯現했던 것이다.

벤야민은 '메시아니즘'을 역사적으로 끌어왔지만, 메시아니즘을 전면에 드러내는 것이 아니라 사적유물론을 보완하는데 사용했다. 벤야민은 마르크스의 종교비판을 따르고 있다. 중요한 모티브로 끌어낸 것이지 종교적 해방을 원한 것이 아니라 유물론을 더욱 강조한 것이다.

그렇다면 현재의 우리는 어떻게 가치판단을 하여 모던의 속성을 이해하고

16) 그리스 신화에서 사이렌은 아름다운 목소리로 노래를 뱃사람을 홀려서 배가 다가오다가 난파되게 하는 역할을 하고 있다. 이러한 신의 역할은 항상 고정적이어서 그 자리를 맴돌고 정확하게 그 자리에 있어야 함을 기계적인 모던사회와 비유하여 설명하고 있다.

극복할 수 있을까? 가치판단은 지배층의 위계구조를 대변하는 것이다. 언어와 의미만 무효화시키면 물질만 남게 된다. '가치구조'는 우리가 만든 것이다. 단어를 응시한다고 했을 때, 모든 것을 제거하면 '글자 자체'만 남게 된다. 도시 역시 도시의 물리적 구조를 제거하고 보면 그 이면의 그림자와 찌꺼기들을 발견할 수 있을 것이다.
벤야민이 모던을 보려는 방식은 이와 같은 의미의 알레고리적인 것이다. 이것은 논리적인 방식이 아닌 비논리적 방식을 보여주는 것이다. 모던을 알레고리적으로 보려고 하면서 메시아적 심판을 하려는 것은 일종의 무효화시키는 행위이며 구원의 모티브이다. 이것은 새로운 가치체계를 가져올 수 있는 방법론이며 벤야민은 몰락/구원의 시각-모던에 대한 알레고리적 시선을 가지고 바라보아야만 한다고 생각했다.

벤야민의 알레고리적 시각으로 자본의 특성을 바라보는 성향을 잘 설명해주는 사례가 있다. 바로 벤야민이 좋아했던 클레 그림인데, 이 그림의 특성과 숨은 뜻을 살펴보는 것은 그의 사유의 핵심에 도달하는데 도움을 준다. 클레의 그린 그림 새로운 천사Angelus Novus는 그림은 벤야민이 즐겨보던 그림이었으며 그의 사고를 잘 대변해주는 그림이다. 이 그림은 그의 멜랑콜리적 특성을 잘 드러내는 그림이다. 그림의 주제는 구출된 자의 시선에의 특별한 시선을 폐허와 구원을 동시에 보려는 시선이다. 백지tabula rasa와 부여된 의미와 가치체계 대상은 의미가 부정되고 무효화된 것을 의미한다. (대상 자체만 남는 것)이라고 할 수 있다. 근대가 남긴 이데올로기를 모두 빼고 대상 자체만 순수히 보면 다르게 보일 수 있는 것이다. 벤야민은 그림에 대해 다음과 같이 언급하고 있다.

클레가 그린 새로운 천사라고 불리는 그림이 있다. 이 그림의 천사는, 마치 그가 응시하고 있는 어떤 것으로부터 금방이라도 떨어지려고 하고 있는 것처럼 보이도록 묘사되어 있다. 그 천사는 눈을 크게 뜨고 있고, 그의 입은 열려 있으며 또 그의 날개는 펼쳐져 있다.

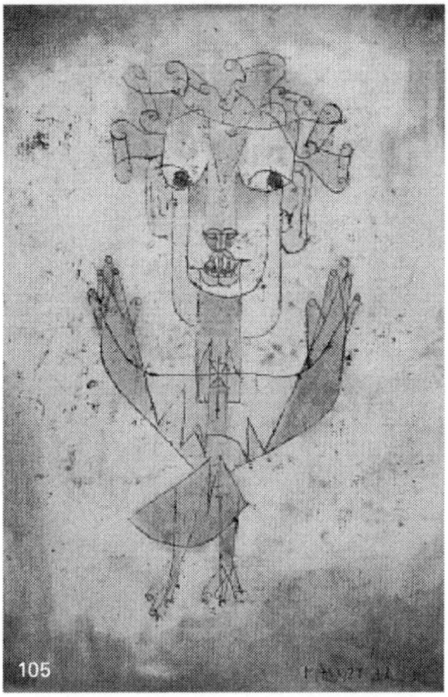

역사의 천사도 바로 이렇게 보일 것임에 틀림없다. 우리들 앞에서 일련의 사건들이 그 모습을 드러내고 있는 바로 그곳에서, 그는 잔해 위에 또 잔해를 쉼없이 쌓이게 하고 또 이 잔해를 우리들 발 앞에 내팽개치는, 단 하나의 파국을 바라보고 있다. 천사는, 머물고 싶어 하고, 죽은 자들을 불러 일깨우고, 또 산산히 부서진 것들을 모아서 다시 결합시키고 싶어 한다. 그러나 천국으로부터는 폭풍이 불어오고 있고, 또 그 폭풍은 그의 날개를 꼼짝달싹 못하게 할 정도로 세차게 불어오기 때문에, 천사는 그의 날개를 더 이상 접을 수도 없다. 이 폭풍은 그가 등을 돌리고 있는 미래 쪽을 향하여 간단없이 그를 떠밀고 있으며, 반면 그의 앞에 쌓이는 잔해 더미는 하늘까지 치솟고 있다. 우리가 진보라고 일컫는 것은 바로 이 파국을 두고 하는 말이다.
(벤야민, 역사철학 테제 중, 아홉번 째)

벤야민이 말한 이러한 파국의 의미와 이미지는 모던 이후의 산업화된 사회의 자본적 순환구조와 폐해 등을 적나라하게 상징하고 있는 것이다. 폐허의 상태를 어떻게 구원을 이루어 낼 수 있을까? 그것은 정지상태의 변증법을 통해 가능하다고 믿었다. 역사의 변증법적 체계를 중단시키고 유대교의 구원과 같이 하나도 변한 것이 없는데 모든 것이 다 변한 것으로 생각하는 것이다. 벤야민이 생각하는 역사적 구원은 유물론적 시각에서의 구원을 의미한다.

105. 클레의 새로운 천사

역사의 의미를 제거하면 결국 이미지만 남게 된다. 도시적으로 생각하면 다 지우고 '건축물'들만 남게 된다. 무언가 다른 연상작용을 불러일으킨다. 멜랑콜리의 시각으로는 역사, 문화, 기타 건축물의 내, 외적 요인들을 전부 제외하고 건축물이라는 물질만 남게 된다. '이것이 실제로 보여주려는 것이 아닌가?' '혹시 현상을 의미로만 본 것이 아닌가?' 벤야민은 이러한 역사의 의미를 제거한 물질이 무언가 다른 말을 걸어오는 것으로 보았다. 그는 **'사물의 언어에 귀 기울이는 것이 매우 중요하다.' '의미하는 언어 때문에 못 보았는데 이미지만으로 보면 다른 언어를 볼 수 있게 된다'** 라고 생각했다. 일종의 번역이라고 생각한 것이다. 멜랑콜리의 시선은 알레고리적인 시선이다. 알레고리를 통해 역사적 의미가 지워진 상태의 역사적 의미를 판독하려는 시도의 다른 이름이다. 철학자이기는 하지만 그는 이런 이유로 인해 '이미지의 철학자'라고 말할 만하다. 그런 의미에서 건축과 조형관련의 사람들에게 많은 영감을 준다.
그는 이것을 아케이드 프로젝트로 진행시켰다. 벤야민은 파리의 카페-파사쥬-시선 등을 통해 의미의 층위를 벗겨내고 무효화하는 것, 그리고 나타나는 형상이 무엇인가를 드러내려고 하는 본래의 것을 보여주는 작업, 이것이 아케이드 프로젝트가 지향하고자 하는 바였다.

역사는 인간사(자연사와 흐름을 연계하면서 자연사에 대항적인 의미를 지니고 있는)이다. 역사는 자연사와는 대조된다. 자연사는 생성과 소멸을 하면서 계속적으로 이어진다. 봄-여름-가을-겨울-봄의 순서로 이어지면서 생성과 변화 소멸을 이어간다. '생성'의 분위기는 '진보'와 연결되며 유토피아, 천국 등의 소멸이 없는 상태로 만들어나가는 과정이다. 벤야민은 모던사회가 '자연사'에서 반복되는 생성, 소멸이 계속해서 반복된다고 생각했다. 자본사회는 생산과 소비가 끊임없이 안정적으로 점차 가속도를 내면서 순환하는 구조일 때 존재할 수 있다. 생산과 소비는 삶과 죽음(폐기)라고 할 수 있다. 자본주의의 Mode(유행)특성은 끊임없이 새로운 것을 만들어내는 운명을 지닌 것으로 생각했다. 이것은 반대로 보면 새로움이 끊임없이 폐기물로 폐기되고 있다고 생각할 수 있다.[17)]

이처럼 벤야민은 들뢰즈가 말하는 전쟁기계와 같이(7권에서 살펴볼 것이다) 파괴적 성향, 디오니소스적 성격, 바로크적 파토스적 성격을 잘 보여준다.
유목민들은 황폐하고 버려진 땅을 계속해서 이주하면서 그들에게 의미있는 공간으로 만들어나가는 과정을 끊임없이 계속한다. 그것은 매우 고달프고 고된 작업이다. 생명이 있는 한 멈출 수 없는 작업이다. 하나의 안정되고 고정된 장소에 머무는 것이 아니라 새롭게 공간을 만들어나가는 자기 파괴의 과정이다. 공간이 만들어지면 안주하지 않고 자기파괴를 통해 새로운 곳을 찾아 떠나고 새롭게 공간을 개척하는 정신이 유목적 정신이다. 벤야민의 파괴적, 파토스적 시선 역시 이러한 고정된 요소를 분석하거나 안주하려는 자세이기 보다는 끊임없는 개편과 진행의 과정이었다.

그가 수집한 텍스트와 그의 텍스트, 스크립트들이 상호 작용을 하면서 드러나는 것은 5권에 살펴볼 데리다적인 담론과 매우 유사하다고 볼 수 있다. 헤겔적인 방법론을 사용하되 그것을 초월하는 다른 방법론으로 접근하는 것이다. 역사적 의식을 지니는 것을 다시 한 번 파괴하고 새로 정립시키는 것이다. 그것을 다른 차원으로 말이다.
파괴적, 디오니소스적 특성은 활발하고 무언가의 생성력을 가지고 있다. 기존의 흔적을 없애고 새롭게 생성할 수 있는 힘이 있다.

17) 폐허는 항상 한 때의 화려함을 간직하고있다. 화려한 과거가 없었던 공간은 폐허가 될 수 없다. 현재 보이는 화려함 이면의 폐허로 남을 수 있는 요소들을 동시에 통찰할 수 있어야 한다.

106

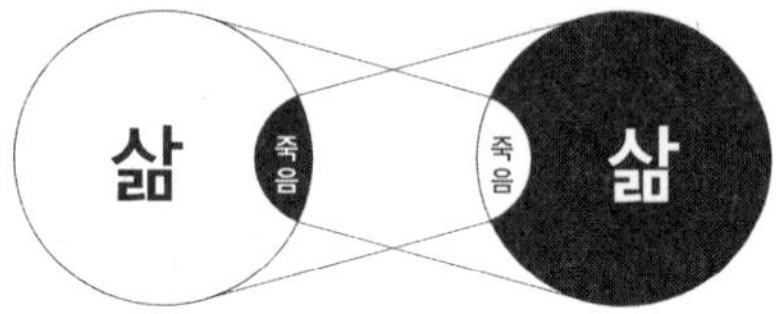

107

그는 생성과 폐기의 속도가 빠르게 반복되고 있는 것 자체를 자연사의 축소판으로 생각했다. 자연사는 자연적 시간이 있으나 생성, 폐기가 빨라지면 생성과 폐기가 동시적 시간이 될 것이라고 생각한다. 기술적 생산(폭발적 발전)-새로운 생산력-진보-역사적 꿈의 순으로 이어진다고 생각한 것이다. 자연의 무진장한 축적이 결국 태어나자마자 옛것(골동품)이 되는 현실에서 실제로 빠른 유행의 시대를 살아가는 현대인에게 이런 시각은 현재에도 느낄 수 있을만큼 매우 시사적이다. 이렇게 본다면 생성은 폐기를 위한 것이라고 생각할 수 있을 것이다. 새로운 것이 이미 죽은 것으로 태어난다는 것이다. 이것은 극단적인 시각이라고도 할 수 있다. 그러나 현대의 빠른 자본의 순환구조와 빠르게 변화하는 소비적 트렌드의 양상들을 생각해보면 이러한 사고가 그다지 과장인 것만은 아니다. 자본사회에서 독립영화로 어렵게 제작되었지만 상영관을 찾지 못해 생산된 순간 사장되는 영화나 점점 생산과 소비주기가 짧아지는 음악(1주 정도의 유통)등도 이와 무관하지 않다. 이렇게 본다면 생과 소멸의 순환구조 중에 소멸이 이미 생의 영역에 들어와 있다고 볼 수도 있다.

벤야민은 지금도 늘 메시아는 도래하고 있으며 단지 우리가 놓치고 있는 것뿐이라고 이야기 한다. 혁명의 시간은 시기가 무르익어야지 하는 것이지 마

106. 삶과 죽음의 생성과 폐기, 2006년 철학아카데미 겨울강좌, 김진영,
'On the Borderline - W. 벤야민의 얼굴들' 의 강의내용 중 사용된 다이어그램 및 강의 일부 포함
107. 양면성

르크스적 시간관이라면 벤야민은 혁명이란 것이 지금도 일어날 수 있다고 생각하는 것이다. 이쪽도 아니고 저쪽도 아닌 것과 같이 문지방 영역도 공간으로서 존재하며 마치 동시적 시간의 교차영역과 같은 시간으로 생각한 것이다. 그것이 바로 특수한 공간이다. 그는 생성도 아니고 소멸도 아닌 메시아적인 시간이 이 시간을 타고 올 것이라고 보았다. 즉, 해방적 시간을 발견하려고 하는 것이다. 따라서 이러한 시간을 인식하기 위해서는 생성과 소멸이 어떻게 순환하는지에 대해서 잘 이해해야 할 것이다.

벤야민이 생각하는 알레고리의 개념은 양극적 개념이다. 보여지는 것과 의미하는 것은 전혀 다르다. 문학 텍스트에서 벤야민의 텍스트를 비판적으로 보는 것은 무엇일까? 그것은 사실fact과 진리의 내용을 구분해서 보는 것을 우리는 주석을 달고 특별한 태도로 다루고 있는 것이다. 사실과 진리는 같기도 하고 대립하기도 하는데 사실과 진리와 관계가 있을 때 symbol이 되고 사실과 진리가 전혀 관계가 없을 때 알레고리가 되기도 한다. 그는 사실과 진리가 합치되도록 적극 관계를 개입하며 비평관계를 갖는 것이 알레고리라고 생각했다. 단순히 그것이 주관적 행위, 자의적 행위가 되면 안 될 것이다. 논리적 관계가 아니라 맺어줄 수 있는 관계 사실, 진리 관계가 되는 것이다.

그가 사용한 방식은 바로 알레고리적 시선이다. 옛 파편으로부터 새로운 것을 보고 파괴시키고 새로운 무언가를 만드는 것이 바로 분열이후 편집증인 욕망으로 굳어지는 프로세스라고 볼 수 있다. 그것은 파괴를 위해 직관을 이용하여 새롭게 수집하고 사물을 재생시키는 것이다. 벤야민은 과거의 역사에 기대지 않고 혹은 과거의 텍스트에 기대지 않고 그것을 이용하여 새로운 텍스트를 만들어내는 것이다. 초현실주의자가 자주 쓰는 병치의 방법론이 그것이다. 전혀 새로운 감정과 감각을 느끼게 되는 방법론을 사용하는 것이다.

재봉틀 가게에 우산과 손수건, 혹은 톱, 또는 수술 도구, 수술대 위의 우산 이런 것들은 초현실주의에서 흔히 사용되는 기법인데, 이것을 이미 오래전 벤야민은 실험하면서 이면에 흐르고 있는 욕망을 사유하고 올바르게 표현하고 드러내고자 했던 것이다.
각각의 요소들은 고유한 자신만의 특성들을 가지고 있지만 그것이 어떻게 배치되느냐에 따라서 다른 감각과 텍스트가 될 수 있으며 기존의 배합과 조합으로는 말할 수 없는 것을 드러내는 힘이 생긴다는 것이다.

해체주의의 병치효과와 정크스페이스Junk Space로 대변되는 대규모 쇼핑공간의 맥스 믹스Max Mix의 효과 등이 그러한 요소들을 실험할 수 있는 건축적인 기법이 될 수 있을 것이다.

다양한 요소를 조합하거나 배치하여 새롭게 드러낼 수 없는 것들을 드러낼 수 있는 방법론에 대해서 사유하는 것은 벤야민이 유태인이라는 것과 깊은 관련성이 있다. 2000년동안 자신의 나라가 없이 떠돌고 있는 유태인이라는 신분과 독일 국적의 유태인이 체코에서 독일어로 이야기해야 하는 다차원의 언어적 상황에서 그의 정체성은 다양한 것들을 동시에 사유하고 받아들이는데 익숙했을 것이다.

낭만적 계열의 예술가들은 주류에 편입되어 있는 사람들 속에 잠시 외도를 하더라도 언제든지 다시 권력의 중심으로 컴백하여 자신의 기득권을 누릴 수 있다. 그러나 태생적으로 그렇지 못한 마이너리티가 있다. 그들은 처음부터 떠돌이 신세였고 변두리에서 태어나 줄 곳 그곳에 있었으며 중심으로 접근할 수 없는 운명이다. 이것은 보헤미안과 집시Gipsy의 차이라고 볼 수 있다. 둘 모두 떠돌아다닌다는 공통점이 있지만 둘 사이에는 건널 수 없는 심연 깊은 곳의 차이가 있다. 부유한 가족이 있지만 자발적으로 떠난 보헤미안은 낭만적 방랑을 즐길 수 있다. 최악의 경우 다시 집에 돌아오면 그뿐이다. 벤야민은 보헤미안이었지만 어떻게 보면 집시와 같이 최후를 맞이한 인물이라고 할 수 있다. 보헤미안의 신분이었지만 집시와 같이 살다 최후를 맞이할 정도로 경계를 초월한 다른 삶을 살면서 다른 삶으로부터 나오는 사유 등을 모두 통합하고자 했다. 그것을 통해 단순히 조금의 진화를 이루고 있는 것이 아니라 완전히 화학적으로 다른 것을 만들어 내는 것이다.

벤야민은 이면에 존재하는 본 모습은 무엇인가에 대해서 계속해서 탐구했고 서구사회의 파편에서부터 흘러나온 것들을 통합시켜 바라보고자 했다. 파편화된 것이 모인 것이 모자이크이지만 모자이크는 더 큰 시각에서 하나의 의도와 형상을 인지할 수 있다. 세계의 단편적이고 파편적인 모습들을 통해 통합하고 그 파편 자체로 전체를 판단하는 근거가 되는 것이다.
벤야민의 시각을 바라보면서 매우 독특한 면을 엿볼 수 있었을 것이다. 양립될 수 없는 주제를 통합시키려는 시도에 다소 황당하게 느껴지기도 하지만 한편으로는 깊은 통찰에 고개를 끄덕이게 만들기도 한다. 그는 사적유물론과 메시아니즘을 동시에 사유하려고 했고, 그만의 시각으로 알레고리적으로 바라보려고 했다. 분명한 것은 그의 사유가 서구의 사유체계를 이루고 있는 두 가지 근본적인 축을 놓고 새로운 사유를 창조하여 이성과 진보의 폐해를 넘어서고자 했던 적극적인 행동이자 사유였다는 점을 기억하고 주목해야 할 것이다.

건축으로 넘어와 아케이드와 같은 쇼핑공간은 자본의 발전 이후에 재력이 있는 사람들과 가난한 사람들 모두에게 인류의 달콤한 꿈으로 남는 환등기와 같은 공간이다. 인류의 다양한 욕망이 구체적으로 물질화 된 상품과 그것을 전시하는 공간과 익명성이 보장되는 공간속에 무수히 떠다니는 페르소나의 물결은 분명 이전의 세계에서는 발견할 수 없는 경험이었다.

벤야민이 많은 영향을 받은 프루스트와 아라공의 글은 조그만 단서가 되는 사건 내지는 사물 등을 통해 기억의 저편으로 안내되면서 기존에 경험했던 상념과 희열 혹은 아픔 욕망적인 요소들의 흐름속으로 인도한다. 2권 및 7권에서 살펴보겠지만 우리의 기억은 몸 속의 뇌의 기억을 통해 시간이 끊임없이 영원회귀되어 과거 속의 감각과 공간 속에 놓여있는 경험을 하게 된다. 기억의 파편이 조합되면서 거대한 하나의 이미지나 방향성을 갖게 하는 것은 역시 벤야민의 글쓰기와 유사한 무언가를 느끼게 한다.

그가 사용했던 방식은 이러한 생각과 함께 그 당시 사용하지 않았던 각종 이미지의 스크랩, 산문, 시 등이 꼴라쥬되는 거대한 이미지와 짧은 단상의 통합체였다. 그것이 오늘날 일반화되어있는 꼴라쥬적인 건축적 디자인이나 해체적 방법론을 넘어서서 새로운 방법론으로 태어날 수 있는 잠재성은 항상 열려있다. 5권에서 해체주의에 대해 살펴볼 때 언급하겠지만 해체주의의 담론을 이야기할 때 자주 등장하는 벤야민의 방법론은 이렇게 파편화된 단상들이 알레고리적으로 보는 이의 심상 속에서 복잡한 연산과정을 거쳐 새로운 해석을 현대에 맞게 만들어낼 수 있도록 하는 작용에 집중되어 있다. 벤야민의 양극단의 사유와 해체주의의 사유는 유사한 부분이 많다. 해체주의 사유가 빠르게 전파되고 만연하던 시절, 벤야민의 사유가 자주 언급되고 사례로 쓰였다. 그만큼 해체주의는 양극단의 틈과 사이에 주목한 사유이며 그 사이를 끊임없이 오가면서 부족한 것을 보충하고자 한 사유이기 때문에 양극단을 다른 차원에서 통합하여 사유하려고 한 벤야민의 사유와 방법론이 유사하다.

아케이드론이라는 공간적 키워드로 사고했던 벤야민의 사유는 자본하에서 새로운 형식의 공간각론이 나오게 되는 가운데 나타났던 일종의 인문학적 반응이며 해석, 발전이었다. 한국인, 동양인들의 사고에서는 태어난 우리는

서구적 사유체계와 동양적, 동북아적 사유체계라는 어떻게 보면 양립불가능한 사유체계들이 동시에 존재한다. 이 사유들을 우리에게 맞게 동시에 사유할 수 있는 방법론이나 사유체계들을 만들어낼 수 있을 것이다. 어떻게 보면 동양인은 전혀 풍토 및 환경으로 인해 발생한 다른 사유체계 속에 탄생한 문명권에서 살아왔다. 그러나 오늘날 우리는 현재 세계화되어 있는 상황 속에서 양립불가능한 가치체계를 강요당하며 살고 있는 것이나 다름없다. 우리는 어쩌면 벤야민처럼 양립불가능한 것을 화해시키고 통합시켜 새로운 사고체계를 형성시켜야 하는 숙제를 가지고 있다고 할 수 있다. 이러한 자세를 견지할 때 우리는 자본세계의 폐해를 비판하면서 새롭게 만들어 수 있는 단서를 찾을 수 있을 것이다.

108. 아케이드의 전경

독일관념론, 헤겔, 마르크스의 유물론과 벤야민의 독특한 사고체계를 살펴보았을 때 이 사유들은 현대적 자본이 태동하던 시기, 이성의 시기에 절대정신과 사적 유물사관이 만들어놓은 물질세계의 여러 가지 폭발적 발전과 변화의 과정속에서 인류가 겪어야 했던 이성의 명암에 대한 담론임을 알 수 있다. 특히 벤야민의 경우, 온몸으로 이러한 변화의 모습들을 사유하고 독특한 방식으로 바라보고 분석하여 보다 정확하게 파악하고자 했다. 이성의 명암을 통해 우리가 여전히 이성의 체계와 자본의 체계하에서 살아갈 때 어떤 방식으로 비판적으로 바라보고 대응할 것인가는 여전히 중요하고도 유효한 문제이다.

건축물은 항상 그 시대의 사회집단의 꿈을 반영하여 물성화된다. 아케이드는 자본의 발전과 함께 근대성이 꿈으로 나타난 꿈의 집이였으며 도시의 꿈이 현실화된 세계이다. 그러나 당시의 아케이드는(오늘날의 쇼핑몰도 마찬가지이지만) 인간의 소외를 외면하고 새로움과 소비욕망을 부추기는 소비자본시대의 미덕을 전파하는 집단무의식이 반영된 결과물이었다. 아케이드와 쇼핑공간은 당시 새로운 유형의 유혹과 욕망이 교차하면서 꿈과 파멸을 동시에 내포한 환등기 속의 환상적인 이미지를 보여주는 듯한 공간이었다.
아케이드는 오늘날의 최고급 백화점과 유사하게 당시의 기술력과 자본주의가 만들어낸 최고의 달콤한 생산물의 전시장이었다. 사람들은 사물이 숭배하는 대상이 되는 물신화를 경험하게 되었다. 그 만화경과 같은 세상속을 부유하듯 거닐며 만보객들은 화려한 상상을 하게 되지만 화려한 이면에는 그 생산물을 만들기 위해 처절한 환경 속에 투입된 어린 손길들과 눈물과 한숨과 땀과 원성들이 감추어져 있다. 서구 자본사회의 부조리와 당시 사회의 욕망과 무의식이 결합된 아케이드의 겉껍질을 걷어내면 거기에는 무언가 외적으로만 드러난 것들을 제외한 다른 요소들이 드러나게 될 것이다. 그것을 벤야민은 특유의 알레고리적 시선으로 통합적으로 사유하려고 했던 것이다. 오늘날에도 이러한 현상은 마찬가지이다. 인류의 화려하고 세련된 문화적 양상을 보여주는 자본주의 도시의 상징인 뉴욕은 5%도 안 되는 창조인력과 고소득 전문직의 활동을 서포트하기 위해 95% 이상의 저소득, 이주민, 외국인 노동자들의 힘을 빌려야하며 극도의 불평등을 묵과하는 불편한 진실이 존재한다.

마지막으로 벤야민을 정리하여 말하면 다음과 같이 요약할 수 있을 것이다. 유목민들은 황폐하고 버려진 땅을 계속해서 이주하면서 그들에게 의미있는 공간으로 만들어나가는 과정을 끊임없이 계속한다. 그것은 매우 고달프고 고된 작업이다. 그것은 유기체로 태어나 생명이 존속하고 있는 한 멈출 수 없는 작업이다. 그것은 하나의 안정되고 고정된 장소에 머무는 것이 아니라 새롭게 공간을 만들어나가는 자기 파괴의 과정이다. 공간이 만들어지면 안주하지 않고 자기파괴를 통해 새로운 곳을 찾아 떠나고 새롭게 공간을 개척하는 정신이 유목적 정신이다. 벤야민의 파괴적, 파토스적 시선 역시 이러한 고정된 요소를 분석하거나 안주하려는 자세이기 보다는 끊임없는 개편과 진행의 과정이었다.

PART 2

이성의 시대, 건축적 가능성과 폐해

모더니티의 발전과 마르크스 사상의 출현

1022 산업혁명 이후의 건축경향

지금까지 모더니티와 모더니즘의 관계와 마르크시즘 이후의 사고체계가 어떻게 변화되어 발전해 나갔는지와 이성의 폐해에 대해서 살펴보았다. 이성의 폐해로 나타난 양차 세계대전 및 사회주의의 발생과 더불어 실험된 공산주의 사회와 모순, 자본주의 사회의 변화과정 등을 통해 이성의 발전에 따른 명암을 인식할 수 있다.

이제, 이 시기의 건축적 상황이 어떻게 변화했던가를 생각해볼 차례이다. 지금까지 인류가 경험하지 못했던 대규모의 생산과 대규모의 소비, 그것을 가능하게 해주는 대도시의 출현, 대규모의 군중, 빠른 스피드의 교통, 통신 수단 등 과학기술의 발전만큼이나 대도시를 가능하게 해준 이면에는 건축, 도시와 관련된 지식의 눈부신 발전이 있었기 때문이었다. 건축부문 역시 이성의 밝은 부분만큼이나 어두운 부분이 공존하고 있다. 산업혁명시기 이후 재료와 건축구법의 획기적인 발전은 이후의 도시와 건축에 있어서 무한한 가능성을 가져다 준 계기가 되었다. 대량 생산방식으로 철골구조와 철근 콘크리트, 유리가 제작되며 새로운 건축의 태동이 시작되었다. 이것은 돔-이노 구조를 가능하게 해주었다. 기둥과 슬래브만으로 독립적으로 안정한 구조가 만들어지게 된 것이다. 이러한 구조 덕분에 현대건축의 근본적 요소와 가능성이 되는 국제주의 양식 5원칙이 만들어지게 되었다. 국제주의 양식 5원칙은 다분히 폭력적이거나 오만한 측면이 존재한다. 세계 각국의 풍토와 재료, 문화, 역사를 불문하고 새로운 방식의 주거를 어느 곳에 이식하여도 가능할 것이라는 믿음에는 이전에 살펴보았던 절대정신의 발전과 이성의 맹신과 함께 폭력적인 구석이 존재하는 것이 사실이다.

산업혁명기로부터 1900년까지의 기간 사이에 '신고전주의'라는 사조가 있었다. 그 시기는 계몽주의와 정치적 자유를 추구하던 시대적 상황의 영향으로 다시 고전시대의 정신으로 돌아가자는 분위기였다. 따라서 당시는 단순히 그리스 시대의 규범에 따른 리바이벌의 시대였다. 그러나 이미 기술의 발전과 사회적 진보의 흐름은 단순한 모방만을 허락하지는 않았다. 그 속에 이미 모더니즘의 기운이 태동하고 있었던 것이다.

이 시기의 대가인 쉥켈은 최초의 기능주의자였다. 그는 고대 그리스건축을 받아들였지만 그대로 모방하지 않고 재해석했다. 그는 오더와 엔타블레이처와 페디먼트를 사용하기는 했지만, 이런 재료들을 사용한 방식은 아주 자유롭고 상상력이 풍부한 방식으로 재창조한 것이었으며 그리스시대의 건물들을 그대로 복제해 놓으려고 하지 않고 창조적인 공간을 만들어냈다.

표현에 있어서도 입면을 장식없이 대담하게 모더니즘 건물처럼 비워놓는 공간을 사용하는 등의 표현을 시도했다. 이 시기에 르두와 같이 산업화된 구조부재를 이용하여 순수하고 이상적인 계획안을 제시한 경우도 있었으며 비올레 르 뒤크과 같이 건물 일부의 구조를 주철제로 만들어 새로운 공간적 가능성을 탐구하고 구조적 실험을 한 선구적 건축가도 있었다.

109. 쉥켈의 알테스 뮤지엄 내부 투시도

불레는 장식적으로 기만하는 화려함을 지양하고 단순하고 자연스러운 것을 추구했다. 그래서 그는 건축의 기본구성 요소인 기둥, 아치, 볼트, 돔 등의 구성요소들을 최대한 기하학적으로 재해석하여 간결하게 표현함으로써 단순명쾌하면서도 기능적이고 상징적인 공간을 제시했다. 그의 공간은 매우 구축성이 강하다. 그러나 그의 작품은 인간성과 거주성을 생각했을 때 아무래도 기념비적인 특성 때문에 인간이 건물과 일체화된다는 느낌은 멀어질 수밖에 없다. 데카르트적인 이성이 극도로 중시된 계획이기 때문이다.

또한 당시에는 과학의 발전속도가 너무나 빨랐기 때문에 전통적으로 교육받은 보자르식의 건축예술가들이 건축구조 기술자들에게 주도권을 내주는 일들이 나타나게 되었다. 당시에 구조기술자들은 대규모 교량과 상징물(에펠탑, 자유의 여신상 등)과 대규모 공간(도서관, 아케이드 등)을 디자인 하기 시작했다. 전통적 공간과 표현방식 위에 구조적, 설비적 건축적 가능성이 더하여지면서 바야흐로 새로운 시대가 개막되고 있었던 것이다.

건축미학에 있어서도 장식을 배제한 백색의 순수한 입면과 기능적인 공간을 선호하였는데 이것 역시 어느 면에서는 빠르게 성장하는 대규모 도시와 좀 더 인간다운 생활을 영위하기 위해 공간을 확보하고 시민세력의 성장에 맞추어 공간을 계획하고 표현하기 위해 의도적으로 행했던 이데올로기라고 할 수 있을 것이다. 또한 앞서 언급한 대로 이러한 방법론은 각종 전쟁을 치루고 난 이후 빠르게 재건하려고 했을 때의 적절한 사회적 모럴moral이 되기도 했다.

110. 쉰켈의 알테스 뮤지엄 전경
111. 르두의 농장관리인을 위한 주택
112. 앙리 라브루스트 파리 도서관
113. 비올레 르 뒤크의 건축

이렇게 건축부문의 혁명적인 발전상황은 이성의 밝은 부분이라고 할 수도 있겠지만 단지 그런 면만 있었던 것은 아니다. 대규모 공장에서 대량생산된 물품들이 쏟아져 나오면서 지방의 농민 수공업자들은 경쟁력이 떨어져 자리를 잃고 도시로 몰려들 수밖에 없었다. 대규모의 군중들은 거의 타의에 의해 공장에 취직하게 되고 열악한 환경에서 극심한 노동을 강요받았다. 이들은 인간 이하의 장시간 노동과 의식주 환경에 직면하게 되었다. 이 당시 대도시 및 대규모 공장주변의 열악한 주거환경과 매연 등으로 인해 각종 질환 으로 고통받는 대중들의 모습은 일찍이 인류가 경험하지 못했던 것이었으며 대규모의 군중들이 밀집한 밀도와 환경은 위생적으로 참담한 상황이었다.

114, 115. 영국 산업화 시대의 열악한 주거상황

–모더니즘 4대 거장

모던시기에 필요에 의해 또는 사회를 변화시킬 수 있는 근본적 구조를 제시하면서 건축분야를 발전시켰던 4대 거장의 특징을 정확히 인식하는 것은 당시 및 현 시기의 상황을 이해하는데 기본이 될 것이다. 단순화시켜 말한다는 것은 항상 위험성을 내포하고 있으나 모더니티와 모더니즘의 명암을 이해하기 위해 건축적으로 압축시켜 말하는 것이 독자들에게 도움이 될 수 있다고 보고, 현대건축을 이끈 4명의 거장의 간단한 특징을 살펴보면 다음과 같이 평가되고 있다.

1. 르 꼬르뷔지에Le Corbusier: 모더니즘 양식의 개척자, CIAM회의의 주도적 인물, 국제주의 양식 5원칙 주창
2. 프랭크 로이드 라이트Frank Lloyd Wright: 미국적 대지 특성의 수평선 강조, 유기적 모더니즘 건축, 미국식 십자형 평면
3. 미스 반 데어 로에Mies Van der Rohe: 수직 마천루 오피스 프로토타입 제시, 무균질 공간, 디테일 강조
4. 월터 그로피우스Walter Gropius: 바우하우스 초대교장, 국제주의양식 교육전파, 팀작업 중시(대규모 설계조직)
5. 알바 알토Alvar Aalto: 모더니즘+지역주의 감성(핀란드)의 어휘수용 +유연한 곡선, 감성 첨가(4+1의 거장으로 분류할 때)

르 꼬르뷔지에의 경우에는 현대건축 거장 중에서도 가장 왕성한 활동과 저술활동을 펼쳤다. 그는 국제주의 양식 5원칙에 해당하는 현대건축의 기본어휘들을 정착시킨 대가이다.

르 꼬르뷔지에가 특출난 건축가인 이유는 모더니티에 나타나는 본질적 특성을 건축적으로 마치 공식과 같이 완벽하고 간결하게 표현하고 구축하여 모던의 시대정신을 정확하게 담아냈다는 데에 있다. 그리고 그의 전 생애에

걸쳐 모던의 특성이 만들어낼 수 있는 거의 모든 가능성과 한계를 건축적으로 실험했다는 점에 있다.

프랭크 로이드 라이트는 미국적 감성에 기반을 두고 초기에는 십자형 평면의 대지에 밀착한 수평적 건물을 주로 계획했다. 일본건축과 마야 건축에서 영향을 받아 담백하면서도 유기적인 형태의 건물을 디테일과 잘 연계하여 계획했다. 앞서 살펴본 팔라디오의 빌라 로툰다의 십자형 주거 건축이 르네상스의 중심공간의 이상을 주택에서 실현한 것과 같이 라이트의 수평으로 확장되는 평면은 이성적인 측면에서 유사성을 찾아볼 수 있다.

미스 반 데어 로에는 산업재료를 이용하여 디테일에 많은 신경을 써서 완성도가 높은 무균질의 공간을 만들었으며, 현대 고층건물의 기본적 프로토타입을 연구하여 제시했다. 그는 산업적 건물로서 하나의 디테일적 요소가 전체로 확장되어 나가는 양상과 하나의 프로토타입이 반복증식되어 미학적인 수준까지 이를 수 있다는 확신을 준 인물이다. 이러한 프로토타입은 그러나 비인간적인 비물질화된 공간을 무한정 증식시킴으로써 국제주의와 함께 무국적 자본주의 사무공간의 기초가 되었다.

월터 그로피우스는 위의 거장들과 같이 모더니즘의 건축을 추구하면서 작품활동을 하였지만, 그보다는 교육자로서의 바우하우스의 초대교장으로 더 유명했다. 그는 나찌의 박해를 피해 미국으로 망명 후 하버드에서 교편을 잡으면서, 국제주의 양식이 전 세계로 퍼져나갈 수 있도록 교육하는데 큰 공을 세웠다. 또한 교육적 의미에서 그룹작업을 매우 중시하여 거장과 소규모 아뜰리에식의 도제와 같은 시스템에서 대규모 설계조직을 만들 수 있는 여건을 만들었다는 점에서 건축시장에 매우 큰 역할을 했다고 할 수 있다.

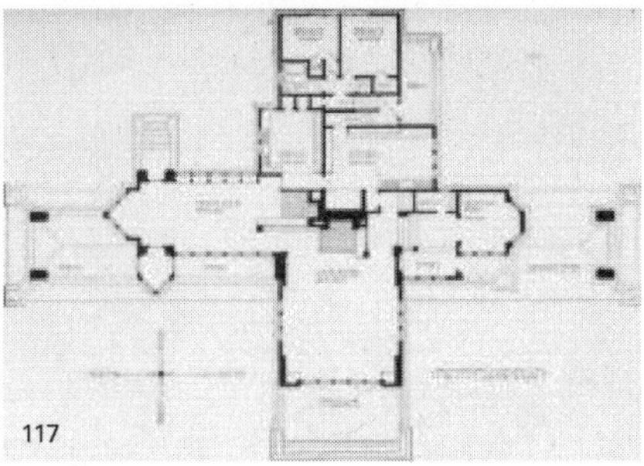

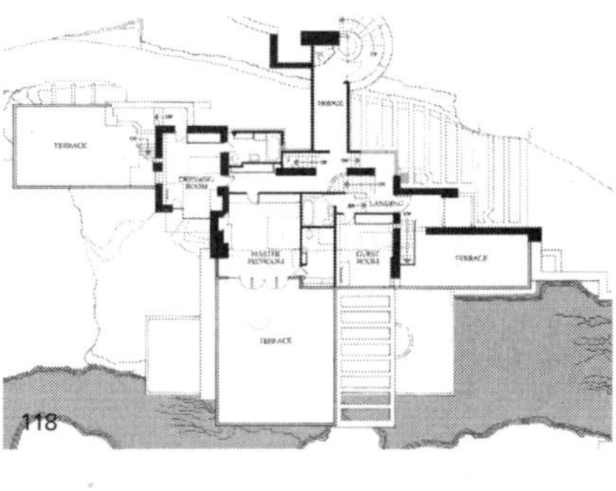

116. 라이트의 로비하우스
117. 로비하우스 십자형 평면
118. 낙수장의 십자형 평면
119. 미스의 마천루 계획

알바 알토는 세계 어느 곳에 심어놓아도 적용될 수 있는 건축의 진보적 기본 구조를 탐구한 국제주의 양식적인 교리에 충실하면서도 핀란드 지역 특유의 지역적 특성을 건축에 담은 것이 특징이다. 또한 일반적인 모던건축에서는 볼 수 없었던 시적인 곡선과 따뜻한 감성의 재료와 질감을 사용하여 디자인했다. 이로써 모던디자인 나름의 부정적인 성향에 대응하는 모습을 보여주었던 것이다.

국제주의 건축양식은 인류가 경험했던 모더니티의 특성을 잘 반영하여 새로운 건축적 가능성을 극대화하여 인류의 공간적 가능성을 실험하고 혁신시키는데 많은 공을 세웠다. 그러나 지역적 풍토와 문화를 도외시한 채 어느 지역에도 이식시킬 수 있다고 생각하는 자세는 제국주의적인 발상과 별다를 바 없는 것이었다. 또한 인간의 감수성과 정서를 무시한 기능주의적인 배치와 무표정한 주거군의 양산은 기존 전통과의 단절과 소외, 도구적 이성의 모던적 폐해를 극대화시키는 공간적 모순을 양산시켰다는 단점으로 남게 되었다.

120. 알바 알토의 주택
121. 알토의 따뜻한 질감의 실내디자인과 가구디자인

1023 공통구조의 적용과 진보적 사고관

근대건축이 태동되기 시작했던 19세기의 시대적 상황은 산업혁명으로 인하여 기계시대의 도래와 산업화가 이루어졌으며, 과학혁명으로 인해 자연에 대한 지배가 가속화되었고 그 속도가 더욱 빨라지던 시기였다. 또한 계몽주의 철학은 교회와 전제군주주의 국가 권위에 도전을 가하거나 전복시켰고 시민혁명을 통하여 개인적 인권의 자각과 의식이 태동되기 시작했다. 이러한 사회적인 변화와 함께 나타난 특성은 다음과 같다.

모더니즘은 과거와의 완벽한 단절을 통하여 자율성을 획득할 수 있게 되었으며 합리주의적 접근을 통하여 객관성을 확보할 수 있게 되었다. 또한 모던이라는 추상화된 개념을 통해 보편성을 획득할 수 있었으며, 산업화를 통해 대량생산을 위한 규격화 및 단위화가 이루어지면서 프로젝트화, 즉, 과정의 체계화가 이루어질 수 있었다.

건축분야에서는 국제주의 양식이라고 불리는 체계가 공통의 근본이 되었다. 새로운 재료, 건축구법, 설비의 발전을 통해 돔-이노 구조Domino로 대표되는 새로운 건축구축 체계가 발명되고 이것을 건축적으로 적용하여 전세계에 전파할 수 있는 근본구조가 되었다. 이것은 한편으로 최소한의 인간다운 삶을 영위할 수 있도록 위한 위생적 환경의 주거환경을 만들고자 했던 경제적 구조를 실험하기 위한 것이기도 했다. 그에 따라 르 꼬르뷔지에는 국제주의 양식 5원칙과 모듈을 제창하여 대량생산의 사회적 변화에 민감하게 대응했다.

비엔나 출신의 아돌프 로스는 한창 신대륙의 개발이 진행중이었던 미국을 여행하면서 당시 유럽문명과는 달리 실용적, 개방적, 진취적이었던 미국적 사고방식과 표현체계 등을 접하면서 신선한 충격을 받고 귀국해 "장식은 죄악이다"

122. 아돌프 로스

라는 구호와 함께 자신의 작품활동을 시작했다. 한편, 동시대의 르 꼬르뷔지에는 "주택은 살기 위한 기계이다." "형태는 기능을 따른다"라는 유명한 구호적 문장과 함께 자신의 건축관을 슬로건화 하면서 기능주의와 합리적 구축을 강조했다.

저서 『새로운 건축을 향하여』에서 그가 주장하는 메시지는 다음과 같다. '오늘날(이 문장을 기술하던 당시) 활발하게 기술의 발전일로에 있는 자동차, 여객선(범선), 비행기와 같은 운송수단은 필요한 기능 외에는 아무런 장식도 가지고 있지 않다.
또한 미국 등지에 자리한 곡물창고나 시멘트 사일로와 같이 순수 기능만을 담당하는 산업 건축물 역시 아무런 장식도 첨가되지 않는다. 모든 것이 기능을 철저하게 따르면서 불필요한 장식을 제거한 상태이다. 그럼에도 불구하고 그것의 형태는 충분히 기능적이면서 아름답다.

123. 로스의 비엔나 스타이너 주택, 장식없는 가로측 입면

124. 새로운 건축을 향하여에 등장하는
125. 20세기 초반의 운송수단

126, 127, 128, 129. 곡물창고나 시멘트 사일로의 기능적, 미학적 전경

130

131

고대 건축에서 파르테논 신전은 꼭 필요한 장식과 순수한 색채를 가지면서도 아름다운 건축의 원형이 되고 있다. 바야흐로 새로운 시대가 시작되고 있다. 이러한 기본적 원리에 충실하자!' 이 책을 요약하면 그가 주장하는 요지는 이와 같이 간단하고도 힘이 있는 내용이다.

사실, 미국의 운송수단 중에 가장 미국적인 특성이 반영된 차량으로 대표적인 것을 들자면 지프Jeep 라고 할 수 있다. 세계대전 당시 혁혁한 공을 세운 지프는 가장 기능적이고 군더더기 없고 쉽게 고칠 수 있고 누구나 사용하기 쉬운 구조로 되어 있다. 이 차량은 이후 계속해서 군용뿐만이 아니라 다양한 버전의 민간 차량으로 진화하면서 전세계인으로부터 꾸준한 사랑을 받고 있다. 이렇듯 건전한 기능을 가진 제품에는 소위 '건강한 아름다움'이 있는 법이다.

마찬가지의 시각으로 볼 때, 건축분야에서 건강한 미학의 건물로 르 꼬르뷔지에의 대표적인 작품 중 하나인 빌라 사보아를 꼽을 수 있다. 이 작품은 가장 기능적이고 기계적이면서 국제주의 양식을 충실히 반영한 건축의 원형이 되었다. 그러나 아

132

130. 그리스 신전의 순수미학
131. 지프의 기능적 아름다움
132. 빌라 사보아의 추상성(초원 위의 띠워진 흰 사각형)

돌프 로스와 다른 점이 있다고 한다면 로스는 짚차와 같이 모든 장식을 배제하고 기능적으로 만든 제품으로서의 기능적 주택을 계획한 것이었지만 르 꼬르뷔지에는 기계와 같은 기능적인 건물이면서도 미학적인 측면도 고려했다는 점이 다른 점이다. 그의 건물은 파리 교외의 푸른 초원에 순수하게 떠있는 하얀색의 입방체를 생각한 것이었으므로, 완전히 기능적인 건물만을 생각하는 것을 넘어서 어느정도 미학적인 면을 고려한 작품이라고 할 수 있다. 실제로 그의 작품세계는 항상 단순히 기능적이라고 말하기에는 어폐가 있다고 할 수 있을 정도로 미학적인 부분을 고려한 디자인을 많이 선보였다. 롱샹성당과 같은 작품에서 볼 수 있듯이 그는 미학적 아름다움을 추구했다.

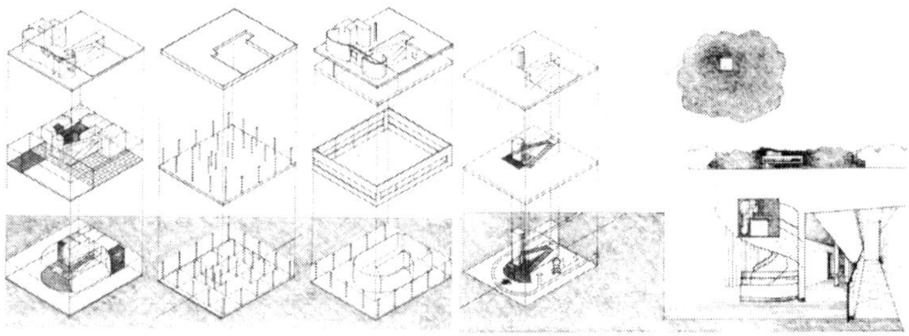

133

'주택은 살기 위한 기계이다'라는 슬로건이 나온 이면에는 산업혁명 시기를 거치고 대규모의 도시가 출현한 상황과 열악한 주거상황을 개선시키기 위한 1, 2차 세계대전이라는 대량 파괴의 시기가 큰 영향을 주었다. 이후에 경제적으로 단기간에 구축할 수 있고 기능을 충족시키면서 위생적인 주거에 대한 사회적 요구가 당시 철학과 반응하여 등장한 것이고 모더니즘은 이러한 상황에 어울리는 모럴이었으며 물질화되어 재현되고 전파된 것이라고 달리 말할 수 있다.

133. 빌라 사보아의 이성적, 합리적 분석

당시의 필요 상황에 꼭 적합한 국제주의 양식 5원칙을 살펴보면 다음과 같다. 1) 필로티 2) 가로로 긴 창 3) 자유로운 평면 4) 자유로운 입면 5) 옥상 정원을 들 수 있다. 돔-이노 구조로 대표되는 구조는 이러한 5가지 상황을 가능하게 해준다. 돔-이노 구조는 기본적으로 습식구조로 대표되는 조적식 구조와는 달리 보이는 바와 같이 기둥과 슬래브만으로 완벽하게 독립적으로 서있을 수 있는 구조이다. 조적식 구조는 외부 및 내부벽을 조적식으로 세우고(내력벽: 구조적 힘을 지탱하는 벽) 내부의 슬래브를 조적식 구조 위에 올려놓는 모양새이므로 조적식 벽 자체는 하중으로부터 자유로울 수 없다. 따라서 개구부 위에는 반드시 하중을 받을 수 있는 상인방구조가 추가되어야 하며 너무 넓은 창이나 개구부가 생기면 무너질 수밖에 없는 구조적 취약점을 가지고 있다.

134

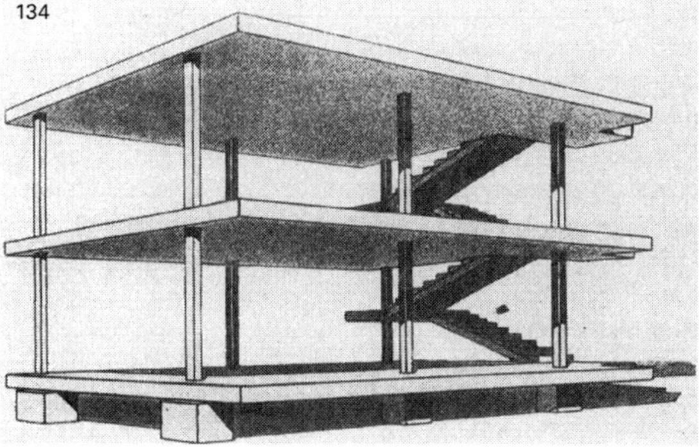

134. 돔-이노 구조

내부의 정원

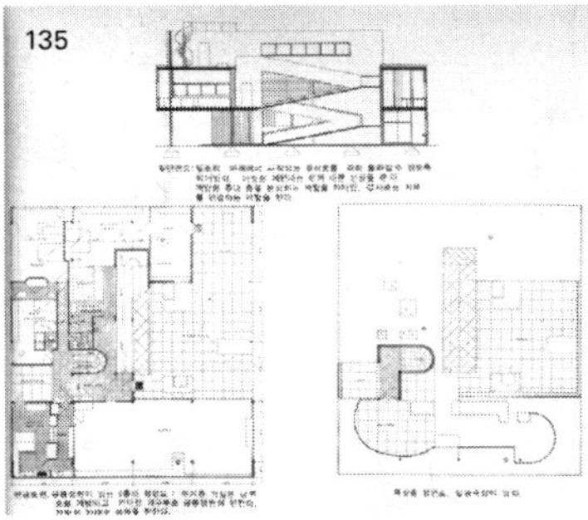

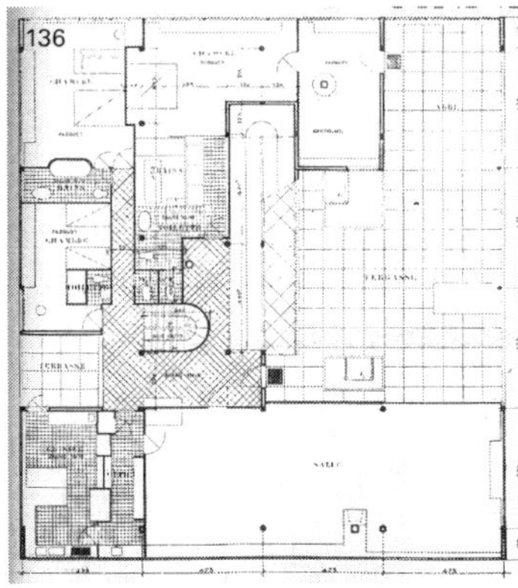

그러나 돔-이노 구조는 자체적으로 독립적으로 안정되게 서있으므로 이제부터는 의도하는 대로 평면 속에 자유로운 가벽을 세울 수 있게 된다. 입면도 마찬가지다. 입면을 건식공법으로 자유롭게 가벼운 재료로 붙일 수 있고 때에 따라서는 전면 유리창도 붙일 수 있다. 이렇게 되면 자유로운 입면과 가로로 긴 창이 가능하게 된다. 또한 건물의 일정부분을 필로티로 띄운 듯한 효과를 줄 수 있게 된다. 이것 역시 건축물이 중력에 저항하는 듯한 행위를 하게 되었다는 점과 습한 대지나 열악한 환경에서 나름 저항할 수 있는 방법론이 개발된 것이다. 또 한 가지는 방수기술과 평지붕이 가능한 구조가 됨으로써 옥상에 정원을 만들 수 있는 가능성이 생기게 된 것이다.

빌라 사보아에서는 램프로 1층에서부터 옥상정원까지 건축적 산책을 하면서 건물내부의 중정의 정원을 조망하던 옥상에서 중정을 내려다보면서 즐길 수 있는 획기적 계획이었다. 르 꼬르뷔지에는 이 건물로 국제주의 양식 5원칙을 성공적으로 구현해냈다. 오늘날, 국제주의 5원칙에 해당되는 건축물의 구성요소들이 적용된 사례는 전세계 곳곳에서 손쉽게 찾아볼 수 있다. 오늘날의 시각으로 빌라 사보아의 건축물을 살펴보게 된다면 '이 건물이 도

135. 빌라 사보아의 평면과 입면
136. 빌라 사보아의 평면

대체 무엇이 새롭다는 거야?' 라고 생각할 수도 있다. 오늘날의 기준으로 이 건물은 그다지 새롭게 느껴지지 않을지 모른다. 현대의 대부분의 건물들이 이러한 건축어휘를 대부분 자연스럽게 사용하고 있기 때문이다. 그러나 유럽의 보존된 역사지구를 가보았을 때 볼 수 있는 옛 주거가 대부분이었던 당시에, 모든 장식을 배제하고 하얀색 입방체의 느낌으로 공중에 떠있는 듯이 서있는 건물은 매우 신선한 이미지였을 것이며 건물 내부로 차가 회전하듯 들어가 일체화된 듯이 주차된 후 산책로를 따라 자신의 주거공간으로 들어가는 모습은 새로움과 충격 그 자체였을 것이다.

137. 빌라 사보아의 내부

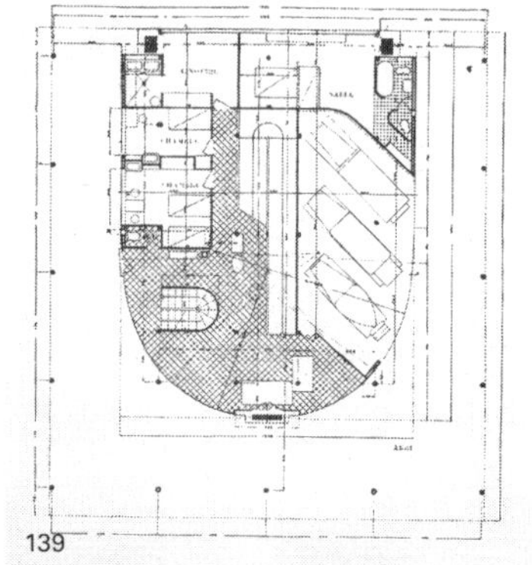

138. 필로티와 최소회전반경
139. 1층평면과 주차공간 및 산책로
140. 빌라 사보아 전경

한편, 이 주택은 새로운 시대가 도래할 것이라고 예견하고 전원생활을 예견하여 만든 것이기도 하다. 또한 기계와 같은 주택을 구현했다고는 하지만 푸른 초원 위의 떠있는 하얀 입방체의 모습은 마치 말레비치의 절대주의 회화를 연상시키기도 한다.

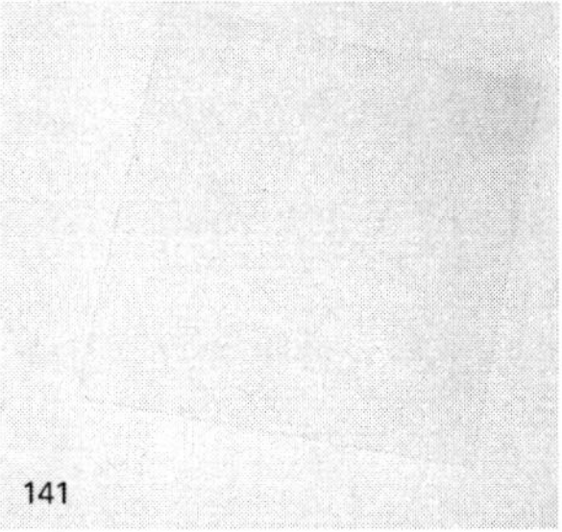
141

이 주택은 기계로서 표현되기는 했지만 그만큼 미학적 요소도 고려한 작품이다. 중산층 정도의 개인이 소유할 수 있는 자동차가 점차 보편화되는 추세에 최소회전 반경으로 건물 안으로 돌아 들어가 주차를 시키고 천천히 집에 들어와 건축적 산책을 시작한다. 주거공간은 습기와 각종 해충으로부터 벗어나 2층에 띄워져 있다. 또한 빛은 외부의 가로로 긴 창과 내부로 뚫려있는 전면 유리창으로 충만하게 들어오면서 위생적인 환경을 만들어내고 있다. 공간체계는 기하학적으로 사적공간과 공적공간이 구분된다. 옥상에는 교외의 풍경을 여유롭게 즐길 수 있는 정원이 배치된다. 이러한 요소들은 자동차 보급에 따른 사회의 혁명적 변화상황에 따라 새로운 라이프스타일을 충실히 반영한 결과로 나타난 것이다.

오늘날 세계 도처에서 건축물들이 너무나 당연하게 이러한 원리를 사용하고 있으며 이러한 건축적 어휘가들의 체계가 처음으로 르 꼬르뷔지에에 의해 종합되고 완성되었다는 점에서 실로 대단한 건축가임에 틀림이 없다는 생각을 하게 된다. 이렇듯 빌라 사보아는 모던시대의 잠재성을 간명하게 파악하고 특성을 건축적으로 완벽하게 반영하여 보여주는 사례이다. 세계 어느 곳에서도 통용될 수 있는 공통의 공식적 적용법칙을 만들고 그 틀에 집어넣으려고 하는 시도는 변증법적 절대정신과 유사한 측면이 있다. 이것은 또한 일반시민들이 완전한 자유를 누리는 시대와 같이 일반 대중들이 열악한 주거에서 벗어나 인간다운 주거공간을 누리면서 현대성을 반영한 공간을

141. 말레비치의 추상회화, white on white

누린다는 측면에서 긍정적 의미가 있다. 이렇게 모던시대의 건축적 특성과 개념을 간명하고 정확하게 담고 있는 이 주택은 비록 규모면에서 작지만 엄청난 에너지를 뿜어내고 있다.

한편, 미스 반 데어 로에는 오늘날의 세계 도처의 고층 빌딩들의 코어체계와 빌딩 구축 등에 관하여 기본적인 구성체계를 이용하여 현대 오피스 건축의 디자인 어휘와 디테일에 큰 영향을 끼친 거장이었다. 그는 이미 20세기 초반에 커튼월로 구성된 고층건물의 모델을 만들었으며, 산업재료들로 디테일을 연구하여 깔끔하고 품격있게 구축할 수 있는 박스형 고층사무소 건축의 프로토타입을 제시했고 계속해서 발전시켜 나갔다. 오늘날의 수직적 프로토타입 평면의 끊임없는 증식은 바로 미스 반 데어 로에에 의해 많은 부분을 빚지고 있는 셈이다. 또한 엘리베이터와 각종 설비(화장실, 수도, 전기)등을 발전시켜 프로토타입을 실현했던 시카고 학파는 시카고와 뉴욕 등의 대도시에 대규모 마천루 군이 건축되는 것을 가능하게 만들었고 이 시스템은 이후 전 세계에 전파되었다. 구조기술의 발전은 전통적 보자르 학파를 쇠퇴시키는 결과를 가져왔으며 구조기술자 출신의 건축가들이 전통적 교육을 받은 보자르 디자이너 대신에 대규모 공간을 디자인하게 되는 결과를 가져왔다. 또한 에스컬레이터와 철골구조, 설비기술 등의 발전을 수평적으로 무한정하게 확장할 수 있는 기폭제가 되었다.
건축가는 항상 진보라는 부분과 건축적 유토피아와 같은 이상향적인 것을 항상 염두에 두면서 발전시켜 나가려고 노력하는 독특한 직종이다. 국제주의 양식으로 대변되는 4대 거장의 작업은 당시의 기술적 발전과 함께 건축적 어휘를 확장시키는데 혁명적 발전을 성취하는데 혁혁한 공을 세웠다. 그들의 진보적 과학기술의 적용은 오늘날 일반화된 건축어휘의 기본이 되었으나 폐해적 특성 역시 포함하고 있는 것이었다.

1024 마르크스의 사상과 건축분야의 연결부분

앞서 Part1에서 살펴본 바와 같이, 마르크스는 프롤레타리아라는 노동자계층에 있어서 가장 심한 억압과 착취를 가져오는 주요한 역할을 하는 것이 경제라고 생각했다. 경제라는 토대base 위에 정치, 법률, 문화, 사회 등의 각종 분야가 서게 될 수 있다고 생각했다. 즉, 경제부분이 사회구조와 억압, 통제, 지배체제의 가장 강력한 영향력을 미치고 있다고 생각하여 연구를 진행해 나간 것이었다. 그러나 알튀세르는 경제의 중요성과 파급효과를 인정하면서도 이것이 모든 것을 이끌어 나가는 것이 아니라 서로 긴밀하게 영향력을 주고받으면서 중층결정되고 이데올로기 시스템이 된다고 역설했음을 언급한 바 있다. 여기에서 중층결정이라는 것은 여러 가지 층위의 요소들이 서로 겹쳐져서 상호 영향을 주고받는다는 의미이다. 지극히 당연한 듯이 보일 수 있는 것이지만 그의 사고는 헤겔의 변증법적인 요소에서 더욱 발전된 것이었다. 헤겔에게는 상대적인 이원적인 요소들이 발전 동력을 이루고 있는 것이지만 알튀세르의 경우에는 복수의 다른 모순(원인)에 의해 결정된다는 것이다. 알튀세르는 인간이 태어나서 관계하는 세계의 구조 자체가 이데올로기라고 생각했다. 우리의 일상을 둘러싸고 있는 각종 요소들, 예컨대 종교, 단체, 학교, 군대, 미디어, 사회, 심지어는 가정의 법칙과 룰까지도 모두가 이데올로기 장치로 작용하면서 하나의 지식, 세상을 돌아가게 하는 원동력을 만들어내게 된다는 것이다.

건축은 이러한 부분에 있어서 어떤 역할을 하게 되는 것일까? 건축분야는 소수의 예를 제외하고는 다른 사람의 자본이나 권력에 의한 의도로 지어지고 설계자가 아닌 다른 사람이 거주하여 사용되는 경우가 대부분이다. 건축설계분야는 이렇게 다른 사람의 자본에 의해 일을 받아 건축주의 의도와 바람을 충족시켜주는 서비스업의 형태를 띠고 있기 때문에 기본적으로 직무 자체가 창조적 작업이면서도 건축주에게 종속되어 그들의 의도를 실현시켜주어야 하는 원죄적 속성이 있다고 할 수 있다. 부정적인 시각의 다른 말로 하면, 자금을 쥐고 있는 자본가의 의도에 충실한 자본의 대리인으로서의 역할 정도만을 수행하기가 쉽다는 취약성을 근본적으로 지니고 있다고 할 수 있다. 경제적인 부분과 법률(건축법과 각종 사회적 현상에 따른 법률체계), 문화, 사회 등이 그러하다. 어느 공간에 가게 되면 자신의 의지와는 상관없이 어떠한 기능이 있는 공간으로 갈 수밖에 없는 경우나, 혹은 공간자체가 억압적인 분위기에서 작업을 강요당하는 분위기로 될 수밖에 없는 구조, 혹은 감시가 용이한 구조 등… 건축공간과 구조는 사실, 눈에 띠게 혹은 눈에 쉽게 드러나지 않는 구조와 표현 및 억압의 통제구조를 이루면서 도시구조를 형성한다. 일부학자들(르페브르와 소야, 하비 등)은 도시는 불평등과 억압의 구조가 드러나면서 재생산되고 확대되는 곳이라고 이야기하기도 한다. 도시공간에는 그 공간들이 형성되는 이유와 의도가 없는 공간은 거의 없다고 해도 무방하다. 건축은 자금이 많이 소요되는 분야이다. 그만큼 사회적 파장력도 크다.(한번 지어지면 그 공간을 이용하거나 주위에 있는 사람들은 어쩔 수 없이 영향을 받게 된다.) 그렇기에 도시공간과 건축은 다른 한편, 지배세력의 억압과 착취구조가 공간으로 구조화되어 있는 것으로 달리 생각할 수 있는 것이다. 그래서 권력자의 욕망이 투사되어 지리적 불평등이 구조화된다는 표현이 나오게 된다. 그렇다면 건축가는 어떻게 대응해야 할 것인가? 그러한 부분에 있어서 최소한의 건축가로서 해야 할 일은 무엇일까? 이것이 바로 마르크스적인 시각으로부터 사유되어 나오는 해법이라고 할 수 있을 것이다. 그러나 이러한 논의는 포스트모던 담론을 다루는 4권과 통제와 관리의 담론을 다루는 6권에서 다루기로 한다

1025 이성의 시대의 건축적 폐해

그렇다면 모더니즘의 건축적 폐해와 가능성을 어떤 부분에서 찾아볼 수 있을까? 다음의 이미지는 르 꼬르뷔지에의 300만명을 위한 빛나는 도시 계획안이다.

이 계획안은 당시 파리의 열악한 주거슬럼화 지역에 혁신적인 기술진보의 상징이었던 국제주의양식을 충실히 반영한 주거단지를 제시한 것이었다. 이 계획안은 좁은 가로와 녹지공간의 부족, 도로체계의 불합리한 점을 획기적으로 단기간에 개혁할 수 있는 방안이기도 했다. 르 꼬르뷔지에는 저밀도로 퍼져 있는 주거지역을 고밀도의 고층화 건물들이 계획적으로 세워진 도시를 상상했으며 상당한 인동간격을 두고 지표공간에는 여유있는 녹지공간을 조성하고 새로운 교통수단이었던 개인 자동차를 사용하여 어디든 갈 수 있는 시원한 도로체계를 정비하고자 하는 열망이 있었다. 그러나 그러한 계

142. 르 꼬르뷔지에의 300만을 위한 빛나는 도시 계획안

획들은 비판적으로 바라본다면 오늘날에도 여전히 문제가 되는 듯한 모습, 즉, 대규모 아파트 단지를 계획하여 이전의 역사와 기억을 송두리째 밀어버리려 하는 시도의 시초가 되었던 계획안이라고 생각할 수 있으며 또한 그런 이유 때문에 역사도시인 파리의 상당부분을 지워버리는 이 계획에 대해서 비판적인 시각이 여전히 존재한다. 당시 파리의 열악한 주거상황과 자본의 폐해로 나타나는 공간들을 새로운 진보적 방법론으로 제시한 것으로 볼 수 있지만 대단히 큰 폭력적인 성향이 있는 것도 사실이다.

언제나 우리의 주거와 건축은 기억을 살린 점진적 변화를 추구하는 것이 바람직한 경우가 많다. 전반부에서 이야기한 바와 같이, 그의 계획안은 데카르트 이후 이성적 사고, 대중을 계몽시키고자 했던 계몽주의적 사고, 합리주의적, 실증적 사고의 연장선상에 있는 폭력적인 사고의 극한이라고 생각할 수도 있다. 다만, 이 계획은 당시의 특수한 상황에서 건축적 가능성을 최대한 끌어내 변화의 상징적 의미로 제시했던 건축가의 이상이었다고 이해하는 것이 바람직할 것이다.

모던적 사고의 체계에 있어서 또 하나의 폐해는 반복적 증식이 일반화 된다는 것이다. 다양한 양태의 주거를 일순간 삭제하고 거의 동일한 건물들이 무한정 카피되어 삽입되는 것이다. 그림 143처럼 파리의 고색창연한 주거군들을 밀어내면서 한편으로는 마치 성냥곽과 같은 모던풍의 건물들이 질서정연하게 군대의 열을 맞춰 배치되고 있는 것이다. 그럴 수밖에 없는 것이, 한정된 시간에 많은 면적의 건물 군들을 계획하기 위해서는 기본이 되는 프로토타입 몇 가지를 조합하여 모델이 되는 건축물이 조건에 따라 배치되는 형태가 될 수밖에 없을 것이다.

가장 쉽게 이해할 수 있는 사례는 우리나라의 분당과 일산 신도시이다. 전

세계에서 전무후무할 정도의 신기록을 만들었다고 할 수 있는 대규모의 아파트단지는 분당의 중앙공원, 일산의 호수공원 등의 몇 가지 도시계획측면의 부분적 고려사항을 제외하면 천편일률적으로 찍어내기식, 카피식으로 급조한 도시계획이며 이것은 분명 문제가 있다. 다만, 한 가지 놀라운 것은 그토록 넓은 면적의 도시를 단 몇 년 만에 실현가능하게 했던 실행능력이다. 이것 역시 사실은 부정적이지만, 그 정도 규모의 도시가 단시간 내에 세워지면서 필요한 인프라를 확보하고 운영했던 것은 역시 군사독재정권 때의 밀어붙이기 식이 아니면 불가능했을 것이다. 산업혁명과 기술의 혁신적 발전 그리고 삶의 질의 발전 등이 모티브가 되었던 모더니즘적인 사고는 오히려, 인간의 삶의 질을 하향평준화시키게 되었다는 비판을 받을 수도 있다. 이러한 생각 역시 경제성, 합리성에 근거한 규칙과 교리가 최우선된 건축이 일반화 되었을 때 나타날 수 있는 부작용일 것이다.

143

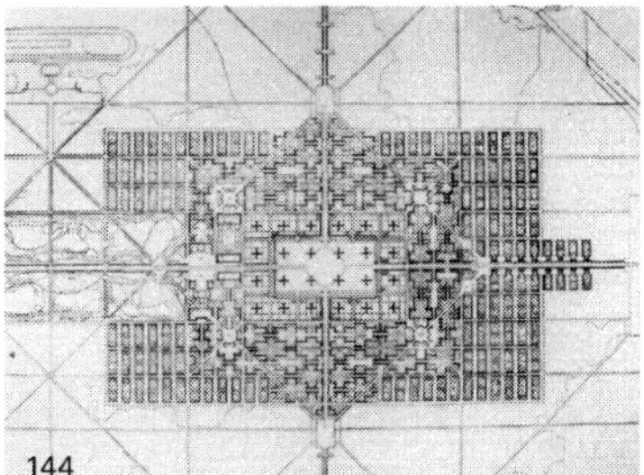

144

143. 현대도시개발 풍자 삽화
144. 르 꼬르뷔지에, 3백만 거주자를 위한 우리시대의 도시계획, 1929

1026 발터 벤야민의 아케이드론의 건축적 부문

앞서 살펴본 발터 벤야민의 아케이드론에서 아케이드는 어떻게 상업문화가 지배의 시스템을 확고히 하게 되었는지에 대한 발굴지 혹은 양피지와 같은 장소가 되었다.

근대적 아케이드 공간은 모든 가치가 종속되도록 교육하고 훈육하는 근대적 장소였다. 예술마저도 상품화되고 종속되는 관계 혹은 길들여지는 관계가 현실화되는 공간이었다. 휘황찬란한 불빛과 화려한 만물상과 같은 상품들이 전시되어 마음을 빼앗기게 만들지만 이성의 물신화와 관련된 어두운 기억과 소외된 물질적 환경의 총체적 집합장소이자 꿈과 같은 장소였던 것이다. 그곳은 당시 사람들의 모든 노력과 노동과 소외의 고통스러운 열매가 열려있는 장소, 열리기까지 고통과 종속을 인내하고 참아야 하는 교육과 훈육이 구체화되고 결정화 된 장소가 된다.

중세시대의 모든 삶의 과정들의 최종열매가 열리는 곳, 혹은 권력이 집중되는 곳은 마을 중심의 거대장소인 교회당이었다. 근대의 아케이드가 그러한 공간의 역할을 대신 하게 되었으며 중세의 신의 역할은 물신적인 상품으로 대체되었다. 오늘날 자본사회에서 그러한 역할을 담당하고 있는 곳은 각 지역마다 존재하는 거대한 쇼핑몰(아케이드)이다. 벤야민의 작업이 가치를 지니는 이유이기도 하다.

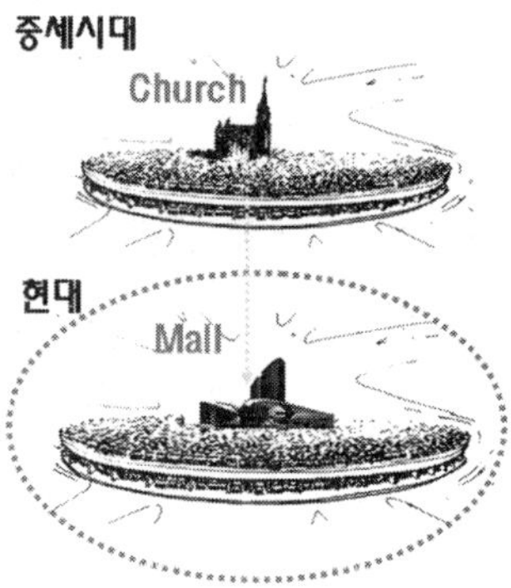

145. 권력중심의 이동에 따른 중심건축공간의 변화

러시아 아방가르드의 실험과 한계

1027 러시아 아방가르드의 건축실험과 한계

자본의 발전과 함께 나타났던 극도의 폐해들을 바라보면서 마르크스의 사유체계가 등장했고 이후 다같이 평등하게 살아보자는 사회주의, 공산주의의 열풍이 전 세계적으로 유행하게 되었다. 이 시기는 소위 인류를 상대로 한 거대한 실험과 이데올로기의 시기였다. 앞서 살펴보았던 마르크스의 사상과 세상을 변혁시키고자 했던 열망들은 사회주의적인 실천을 만들어 냈다. 그리고 그러한 사회주의적 열망은 마르크스의 예견과는 정반대로 유럽에서 가장 가난한 나라였던 러시아에서 그 결실을 맺었다. 그것은 마르크스가 자본주의가 가장 고도로 발전한 나라에서 노동자들에 의해 반란이 일어나 공산주의가 될 것이라고 주장했던 것과는 정반대의 결과였다.

러시아 구성주의자들은 기존 아카데미의 디자인 논리와 장식파괴를 통한 건설을 시도했다. 구성주의자들은 건축을 새로운 사회건설의 강력한 수단으로 인식했고 그들에게 부과되는 사회적 의무를 강하게 의식하면서 건축을 새롭게 바라보았다. 따라서 인간이 거주하는 물리적 공간을 생산한다는 자부심과 의무감, 그리고 혁명적 의식을 교육하고 선전한다는 또 다른 역할을 그 어느 때보다 높게 기치로서 내세우게 되었다. 그들의 이러한 관심은 주거 및 도시문제의 해결방법이 무엇일까에 집중되었다. 혁명의 힘과 추진력을 지켜내면서 사회주의를 어떤 방식으로 건설하느냐가 현실적인 문제였던 것이다. 물론 모더니스트였던 이들은 대중이 아니라 엘리트 위주의 정책과 방향성을 추구했던 사람들이라는 것은 자명하다.

모더니즘을 정의할 때 언급했던 '도시를 기반으로 한 젊은 엘리트들이 이전에는 없었던…'이라는 문장에서 그 당시 마르크스주의에 심취해있던 젊은 엘리트들은 관념적 철학이 아닌, 실천적 철학으로 세계를 변화시키려는 열망을 가지고 있었다. 위의 정의에 따르면 혁명가들도 일정 측면에서는 모더니스트라고 말할 수 있을 것이다. 러시아에서는 이러한 봉건주의 왕권을 전복시키고 한동안의 혼란시기를 거쳐 스탈린 당 위주의 사회주의 국가가 탄생했다. 벤야민과 같은 사람은 진정한 의미의 프롤레타리아 민중이 권력을 장악하고 변화를 모색하려 했던 트로츠키 당을 지지했지만 현실에서는 스탈린의 당을 위주로 하는 조직적인 패거리 정치적 형태에 자리를 내주고 말았다.

당시 주도적 세력들은 이전의 전제주의를 벗어나 노동자가 주인이 되는 혁신적 사회형태를 제시하며 새롭게 시작해야 할 의무가 있었으며 소위, 혁명에 걸맞는 선전적 정치행태가 필요했다. 자연스럽게 그들은 모더니스트들 혹은 적극적인 아방가르드 예술가들을 받아들여 체제선전에 이용했다. 또한 그들도 자신의 정치적 신념에 따라 신명나게 작업성과를 내기 시작했다. 새로운 시대에 걸맞게 노동자들을 위한 노동자들의 적극적 혁명행위에 가담하거나 동참하기를 촉구하는 포스터, 시각디자인, 영화 등의 새로운 매체를 이용하여 이전에는 없던 새로운 표현방식으로 표현하기 시작했다.

조형과 건축분야에서는 타틀린의 '제3 인터내셔날'과 체르니코프와 레오니도프 등의 다양한 혁명적 변화의 이미지를 보여주는 실험적인 건축적 이미지들이 등장했다. 당시의 사회주의자들은 혁명후 전 인민을 바람직한 사회주의적 방향으로 개조하기 위해 사회주의적 추상성과 혁명성을 수행할 수 있는 새로운 삶을 담는 건축을 추구했고 그것은 사회적 응축기Social Condenser라는 실험으로 이어지게 되었다. 응축기라는 단어 자체가 전자기판에서 전류를 증폭시키는 역할을 수행하는 것과 마찬가지로 빠른 시간내에 사회주의적 이상을 실현시킬 수 있는 사회주의적 인간을 폭발적으로 양산할 수 있는 상징적, 은유적 건축공간과 표현을 제시할 필요가 있었던 것이다. 그들의 작업들은 현재의 시각으로 보아도 역동적이고 오히려 현대건축작품보다 더욱 현대적이라고 할 수 있다. 이런 선구적인 이미지들은 오늘날, 렘 콜하스와 자하 하디드 등의 건축가들이 재발견 및 가능성을 연구하여 실제 건축물에 적용시킨 예가 많이 있을 정도로 당시의 기준으로는 혁신적인 것이었다.

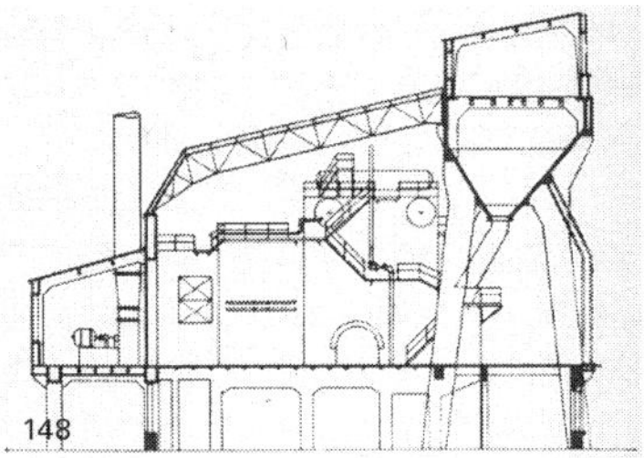

146. 러시아 구성주의의 선동적 이미지의 포스터
147. Rusakov Club by Melnikov, Moscow
148. Rusakov Club by Melnikov, Moscow 단면

예를 들면 엘리베이터와 발전된 전신, 전화의 신기술이 도입되어 안테나가 강조된 신문사 사옥이 계획되기도 했다. 또한 전기적 장치가 장착되어 있는 건축물과 구조적, 형태적으로 혁신적인 다양한 선동적 이미지의 건물계획안이 등장했다. 당 주체들은 레닌 이후 스탈린이 당권을 장악하고 안정기에 들 때까지 새로운 시대를 예견하게 만들고 프롤레타리아들을 움직이고 희망을 갖게 만들 수 있는 각종 선전용 이미지와 건축적 이미지들이 필요했던 것이다. 그런 역할을 수행할 수 있는 사람들은 소위 도시를 기반으로 한 학식있는 엘리트 집단이었고 이러한 집단들이 혁명의 각 분야에서 활약했던 것이 사실이다.

그러나 문제는 당시 러시아(구 소련)는 유럽에서 가장 경제가 낙후된 나라였다는 점이었다. 이러한 혁신적인 건축계획안을 실현시키기에는 천문학적인 자금문제와 기술력, 추운 기후가 걸림돌이었다. 또한 오랜 기간동안 축적되어왔던 주거 및 건축적 관습을 일시에 새롭게 만드는 데에도 한계가 있었다. 당연히 이러한 혁신적인 이미지의 건축물들과 디자인들은 선전구호 등으로 그치는 경우가 많을 수밖에 없었고 실제 구축되어 실현된 경우는 극소수였다.

혁명이 성공하여 사회주의 국가가 건설된 이후, 점차 안정기에 접어들면서 권력집단은 더욱 폐쇄적이고 억압적인 모습으로 변모하게 되었다. 이러한 상황과 관련하여 조지 오웰의 소설 『1984』와 『동물농장』 등은 사회주의 국가의 통제성과 모순에 대한 훌륭한 통찰을 보여준다. 안정기에 접어들자, 권력집단(공산당)은 계속해서 변혁을 추구하는 특성을 지니고 있었던 젊은 엘리트들(아방가르드)의 혁명적, 비판적 행태가 부담으로 다가오기 시작했다. 그들은 슬슬 이러한 아방가르드들을 탄압하기 시작했다. 안정적으로 자신의 자리를 유지하면서 통치하기 위해서는 계속적인 변화와 혁신을 요구하는 세력은 제거해야할 대상이 될 수 밖에 없었을 것이다.

역설적이지만 혁명은 처음에는 자유를 약속하면서 시작되지만 얼마 안가서 내부의 의문제기와 반동적 세력을 제거하고 순수세력을 지켜야 한다고 주장하면서 더욱 비민주적이고 강압적이고 금욕적인 자세를 강제하는 특성을 보이게 마련이다. 이후에는 결국 권력투쟁을 통해 잠재적으로 위험세력을 숙청하는 단계로 접어든다. 공산주의 혁명은 본래 속성이 그러한 측면이 있는 것이다.

결과적으로 대부분의 러시아 아방가르드 세대들은 서구로 망명할 수밖에 없었다. 이데올로기적인 선동 체제속에서의 예술과 선동주체들은 어쩔 수 없는 한계를 가지고 있었다. 유토피아적인 시각과 행위에는 대부분 위험한 모순이 도사리고 있기 때문이다.

–러시아 아방가르드들의 운동과 혁명성

러시아 아방가르드들은 앞서 모더니즘을 설명한 문장에 가장 적합하게 들어맞는 사람들이었다. 그들의 표현과 정신은 당시까지도 전제군주국가를 유지하던 러시아를 구소련으로 혁명화시켜 변화시키는데 많은 도움을 주었다. 새로운 시대가 시작되게 하기 위해서 그들의 방법론은 이전 시대와는 모든 점에서 단절되어 말레비치와 같이 기존의 방식과는 전혀 다른 절대주의적 공간과 같은 추상적 표현과 공간들을 사용했다. 또한 혁명성을 고취할 수 있는 예술방식을 위해 다양한 선전 선동을 위한 꼴라쥬 기법들이 실험되었다. 또한 이 시기에 실험되었던 다양한 타이포그라피 기법 등의 문자디자인과 이러한 선전 선동기법은 2차 세계대전 당시 나찌의 선전, 선동술에 많은 영향을 끼치게 되었다.

말레비치의 추상성과 엘 리치시키의 프라운Proun 시리즈에서 보이는 공간적 추상화와 운동성의 실험은 회화와 건축 사이의 중간자적인 실험으로서 충분한 역할을 하였다. 또한 타틀린의 제 3인터내셔널에서 보이는 기념비성과 운동성은 러시아 아방가르드 건축이 보여주는 기념비성과 운동성 역동적 사회분위기를 담보하는 산업적 기계적 미학을 보여주기에 충분한 것이었다. 이반 레오니도프의 경우에서처럼 러시아 아방가르드의 공간은 말레비치의 절대주의 회화와 같이 전통적 접근과는 전적으로 다르게 순수한 공간적 해결과 이상주의적 접근으로 건축을 바라보았다는 점이 특징이다.

레오니도프는 특히 말레비치적인 이상에 더욱 가까웠다. 체르니코프는 운동성과 산업주의적 가능성, 건축적 가능성에 대한 이상을 실현시키려 했다. 리시츠키, 레오니도프, 체르니코프는 이렇게 러시아 아방가르드 예술을 종합하여 건축적으로 승화시켜 당시의 건축적 이상과 유토피아적 감성을 극대화시킨 예술가들이었으며 이들의 꿈으로 남은 이상은 해체주의 건축가들과 렘 콜하스등의 재해석에 의해 다시 평가받고 연구되어 현대적으로 계승되었다.

149

150

149. 나찌의 선전선동용 포스터
150. 타틀린의 제3 인터내셔날

151

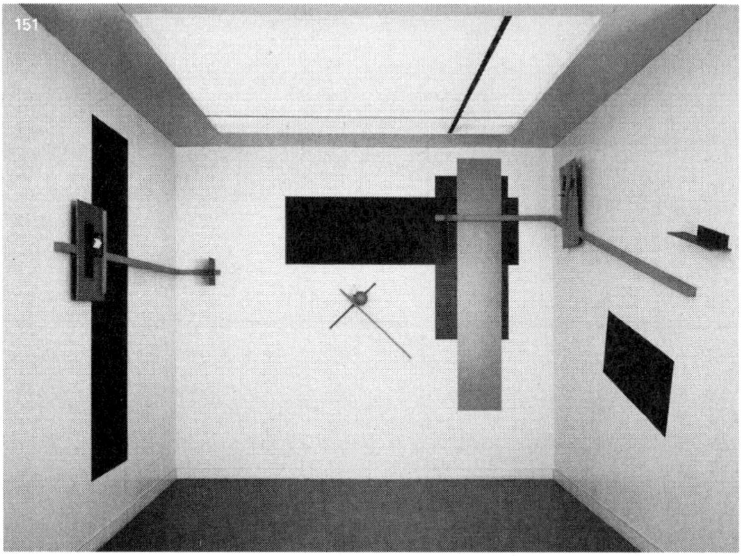

152

151. 엘 리치시키의 프라운
152. 체르니코프의 계획안

153. 레오니도프의 마천루 계획
154. 체르니코프의 이미지
155. 체르니코프의 이미지
156. 레오니도프의 마천루 계획

1028 건축의 유토피아적 시각과 모순점에 대한 인식

앞서 사회주의 혁명의 이데올로기에 따른 건축 이미지의 선동적 역할에 대해서 살펴보면서 우리는 그것이 실패로 끝났음을 확인했다.

헤겔의 변증법의 최종적 목적은 절대정신의 구현이고 그것은 이성의 진보로 인해 발전하다보면 모든 시민들이 최고의 자유를 누릴 수 있는 최고선의 시스템과 공간이 나타날 수 있다는 믿음을 가지는 것이다. 그것은 달리 말해 서구인들이 이상사회로 추구해왔던 유토피아라고도 할 수 있을 것이다. 사회주의 및 공산주의 국가 역시 마르크시즘의 영향을 받아 이러한 절대정신의 구현을 목적으로 했다고 할 수 있으므로 이러한 서구적 사유의 영향에서 자유로울 수 없다. 한편 거시적으로 보면 사회주의 역시 그러한 진보의 한 단계로 볼 수도 있다. 원래 유토피아라는 단어는 어디에도 존재할 수 없는 nowhere place 이상향의 세계라는 뜻을 내포한 단어이므로 유토피아적 이상향을 꿈꾸었던 러시안 아방가르드의 꿈은 애초부터 무리였을 것이다.

건축은 기술과 진보적 요소를 통합하여 사회적 열망을 반영하는 분야이기 때문에 가장 강력한 사회적 선동수단의 하나로 이용되기 쉽다. 장밋빛 청사진을 내놓으면서 선동하기에 좋은 분야라는 것이다. 이것을 쉽게 이해할 수 있도록 우리 자신이 구소련 시기의 시민이라고 가정하며 상상해보자. 바야흐로 새로운 시대가 도래했다. 우리를 억압해왔던 황제치하의 시기가 지난 것이다. 당에서는 새로운 시대에 맞추어 노동자가 주인인 시대가 올 것이라고 매일 선전과 선동을 계속했다. 이런 상황에서 건축 이미지의 대표적인 사례인 '제 3 인터내셔널' 과 새로운 시대의 건축적 이미지들이 선보였으며 새로운 건축모델이 전시되며 새로운 시대가 열릴 것 같은 환상이 계속된다. 그러나 십 수 년이 지난 후 현실은 별반 나아지지 않고 오히려 새로운 계층(공산당)의 억압은 더욱 가중된다. 그리고 어느 순간 이러한 이미지들도 자취를 감추게 된다. 선전선동을 하던 엘리트들은 대부분 망명하거나 숙청당했다. 눈앞에는 황제와 별반 다르지 않은 권력화되고 더욱 폐쇄적인 행태의 공산당의 지배체계가 가중되고 있음을 확인할 수 있다. 이렇게 되면 우리는 어떤 느낌을 받게 될까? '선전, 선동에 속았구나!!' 라고 생각이 들 것이다.

이러한 상황이 자본사회에서는 어떻게 나타날까? 신문광고란에 보여지고 있는 상업용지의 상가분양광고 등을 생각해 보자. 이 광고에서는 이 대형상가의 상가 일부를 분양받으면 당장이라도 많은 돈을 벌 수 있을 것 같은 환상에 빠질 정도로 사람들을 현혹시킬만한 이미지와 광고문구들로 가득 차 있다. 한참을 읽고 이미지를 보고 있자면, 투자하고 싶은 마음이 솟아오르게 만든다. 물론 정말 좋은 자리와 좋은 건축이라서 돈을 벌 가능성도 있을 것이다. 또한 경기가 상승국면에 있다면 좀더 안정적일 수 있다. 그러나, 실상을 보게 되면 시행회사에서는 최대한 싸게 용지를 구입하여 법률이 규정하고 있는 최대한의 용적률과 면적을 차지해 계획하고 외부에 보일만한 그럴듯한 재료와 이미지를 만드는데 들어가는 비용을 제외한 다른 부분의 건축비는 무조건 가장 최저의 비용이 들어가는 방법을 택하기 마련이다. 분양이 끝나면 치고 빠지기 식으로 외면하는 행태가 벌어진다. 이런 것이 바로 구소련의 공산당에서의 모습과 유사하다고 보면 될 것이다. 혁명을 통해 민중을 선동하여 전제왕권을 전복하고 새로운 국가를 수립했지만 일반시민의 생활은 여전히 변한 것은 별로 없는 하향평준화된 가난한 삶… 혁명을 주도했던 세력은 반동세력을 폭력적으로 진압하는데 더 큰 힘을 쏟고 호의호식하는 귀족과 같은 세력으로 변모했다는 점 등은 조지 오웰의 동물농장에서 극명하게 경험할 수 있다. 이런 면들이 20세기가 경험한 이데올로기 시대의 어두운 면일 것이다.

1029 만프레도 타푸리의 건축비평

전술했던 것과 같이 유토피아적인 생각과 이미지는 변질되기 쉽다. 오히려 쉽다기보다는 이미 유토피아적인 이미지 자체가 만들어지기 전에 불순한 의도를 내포하고 있다고 하는 편이 더욱 정확한 표현일 것이다. 따라서 어디에도 없는 곳(Utopia=Nowhere Place)이라는 어원과 같이 건축에 있어서 유토피아라는 것은 대부분 순수한 꿈으로만 남고 변질되기 마련이다. 자본사회에서 이러한 유토피아적 이미지들이란 돈 많은 부르주아의 도덕적 타락을 가려주기 위한 방법론으로 전락할 가능성이 대부분이다. 유명한 마르크스주의 건축비평가인 만프레도 타푸리는 모더니즘 초기의 아방가르드적 예술가들의 행태가 사실 부르주아들이 자신의 이익을 극대화하고 프롤레타리아들을 더욱 억압하고 착취구조를 더욱 고착화시키는 방식에 일조했다고 생각했다.

즉, '자본주의 사회에서의 예술의 역할이 필연성의 세계와 부르주아 윤리의 위기 사이를 중재하는 것에서 이데올로기가 그 역할을 떠맡았다'고 생각하는 것이다. 이 문장을 쉽게 설명하면 다음과 같다. **'착취하는 현실을 가리기 위해 장밋빛 청사진을 만들어주는 역할을 예술가나 건축가가 나서서 대리적으로 해주었다. 그러므로 그들은 유죄이다!'** 라는 표현과 다름 아니다. 일반 대중들은 그 이미지에 속아 희망을 가지고 열심히 일한다. 비슷한 표현으로 **'아방가르드 예술도 생산양식의 순환주기로 편입되었다'** 라고 표현하기도 한다. 자본의 힘에 의해 아방가르드 예술가들조차도 의식적이건 무의식적이건 자본의 생산과 소비주의 문화를 선동하는 예술작품을 생산하고 소비하는 입장으로 변질되었다는 것이다. 그런 측면에서 당시 예술도 유죄라고 선고한 것이다.

157. 마르셀 뒤상의 레디메이드작품
Roue de bicyclette (Bicycle Wheel)

157

이러한 점을 우리는 포스트모더니즘 계열의 팝아트나 대중예술을 표방하는 예술가들로부터 확인할 수 있다. 타푸리는 일반적인 일상생활의 생산품으로 예술을 만드는 레디메이드readymade art 계열의 작가들이나 앗상블라쥬asemblage 작가마저도 '유죄'라고 생각한다. 예술뿐만 아니라 심지어 쓰레기까지도 생산과 소비의 순환체계 안으로 끌어들이면서 자본의 생산과 소비의 순환구조(억압되고 불평등한 구조)를 당연시하거나 찬양하게 호도하는 역할을 수행하고 있다고 주장하는 것이다. 이런 계통의 예술을 하는 사람들은 자본가들을 대변하는 역할을 하고 있는 것이나 다름없다고 하는 것이다. 예술가들이 인식하던지 아니던지 말이다. 그가 생각하기에 꼴라쥬의 방법론은 부정한 현실을 가려주면서 이상향의 세계를 보여주는 방법론으로 변질되기 쉬운 것으로 생각했다.

너무 부정적인 시각으로만 바라본다고 말할 수도 있다. 한편으로는 참으로 부정적인 시각이다. 그러나 건축을 하는 사람으로서 단순히 자본가의 충실한 하수인이 되기를 거부한다면 진지하게 고민해야 할 부분이기도 하다. 좀 더 나은 세상과 도시구조, 건축을 만들기 위해 나름 저항할 수 있는 건축적 방법론을 생각해보아야 할 것이다. 그러한 방법, 일부분이라도 변화시킬 수 있는 방법은 생각보다 먼 곳에 있는 것이 아닐 수도 있다. 주위의 조그마한 것부터 실천하고 저항적 감성을 가져볼 필요가 있다. 아울러 보수적 시각/교육을 통한 점진적 변화가 장기적으로 더욱 큰 힘을 발휘할 수도 있을지도 모른다. 그러한 방법은 지금 현재 우리들의 몫이다.

필자는 만프레도 타푸리의 이 문장을 의미 있게 생각한다.
'건축에 이데올로기적 의상을 입히려는 기만적 노력보다는 그것에 비효율적이며 기만적인 혁명적 의도를 주는 것에 의해 차분하고 시대를 넘어서는 순수성을 말하는 용기를 지닌자의 성실함을 좋아하게 될 것이다.'

건축물을 형태상으로 분류하거나 형태와 공간 등에 집착하여 표현하는데 매진함으로써 마치 가면을 쓰는 것처럼 혹은 진한 화장을 하는 것처럼 건축에 선동적인 이데올로기 장치나 표현을 덧붙이는 시도들을 지양하고 오랜 시간동안 그 지역에서 순수한 건축적 구성으로 남아있을 수 있는 건축을 지향한다는 것이다. 이것이 사실은 가장 바람직할 것이다. 그 지역의 컨텍스트에서 가장 오랫동안 남아 있을 수 있는 구조로 계획하면서 시대의 변화에 따라 외관과 기능이 어느 정도는 바뀔 수 있을지라도 근본적인 것 자체를 만들어주는 작업이라면 가치는 지속될 것이다. 자본체계 하에서는 쉽지 않은 일이겠지만 말이다.

158 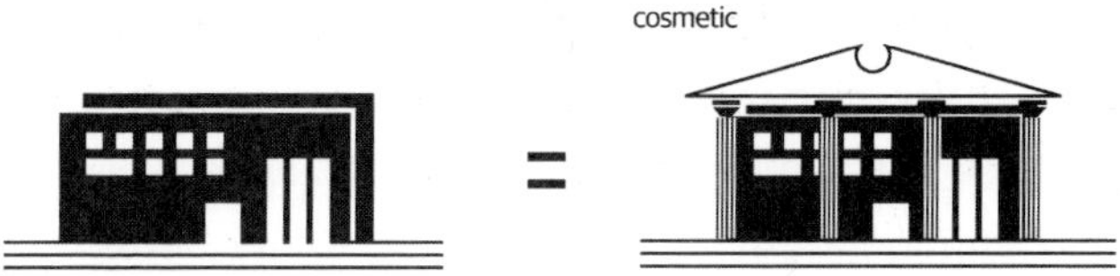

위의 다이어그램에서 보이는 바와 같이 시대가 지나면서 덧붙여지고 변형시켜 장식할 수 있는 화장시키는 요소들은 단순히 부가적인 이미지로서 시대의 기능과 역할에 따라 변형시키거나 제거가 가능하다. 남겨지는 본질이 항상 중요한 것이다.

앞으로 살펴보게 될 건축운동과 이론, 그리고 현대철학과의 연계성 등은 대부분이 현대적 특성과 함께 현대성의 어두운 부분들을 극복할 수 있는 방법론이 무엇일까에 대해서 근본적인 질문을 던지고 그것을 바람직한 방향으로 변화시키려고 끊임없이 노력한 사람들의 이야기로 채워질 것이다. 공산주의 사회가 무너지고 자본주의사회 체제하에 우리는 살아가고 있기 때문에 우리는 이 시스템 하에 있는 상황을 무조건 부정할 수만은 없다. 자본

158. 화장술과 같은 건축물의 본질과 장식

주의는 여러 가지 폐해가 있지만 인간의 자유와 가능성을 극대화하고 개인의 잠재성을 극대화할 수 있는 시스템으로 인정받고 있다. 그렇기 때문에 공산주의의 몰락이후 세계 대부분의 국가들이 이 시스템을 채택하는 이유이기도 하다. 무조건 부정하는 것은 달리 생각하면 무책임한 행동이다. 우리는 부정적인 모습을 극복하면서 더 나은 방향을 선택해야 할 것이다. 그것이 더욱 지적이고 책임 있는 지식인의 자세이다.

일견 건축분야는 세상을 변화시킬 수 있는 분야이면서 한편으로는 근본적으로 변화시키기에는 매우 무능한 것처럼 느껴질 수도 있다. 전지전능하면서도 무능할 수 있는 건축가… 독자들이 세상을 변화시킬 수 있는 근본적 구조에 대한 고민과 작은 실천, 혹은 저항적 감수성을 가지고 실무에 임한다면 그러한 긍정적 가능성을 통한 변화는 항상 우리 주변에서 존재하며 실천에 옮길 수 있을 것이다. 저항적 감성의 건축적 실천만이 오히려 역설적으로 치열한 자본사회에서 생존할 수 있는 방법론이 될 수 있을 것이다.

시사점과
PART 3
건축적용 가능성

생각해보아야 할 점

- 마르크시즘적 사고는 오늘날에도 유효한가?
- 오늘날 유토피아란 가능한 것인가?
- 유토피아는 현재 집단 무의식, 상상력, 또는 상상적인 것에 어떤 역할을 하고 있는가?
- 건축가는 무엇을 추구하며 일하는가? 또 그 모델은 무엇인가?

위의 고찰을 통해서 독일 관념론으로부터 시작하여 헤겔의 변증법적 사고와 목적론적 사적 유물사관과 마르크시즘의 형성배경에는 이성의 발전속도가 최고조에 달하는 시기에 발생했으며 마르크시즘은 이성적 사고의 폐해와 자본의 폐해에 대한 대안적 사고였음을 확인할 수 있었다. 이후 사회주의 및 공산주의의 실험, 자본의 폐해 등이 지속적으로 발생했고, 나름 그것을 극복하려는 사유와 움직임이 계속해서 존재해왔다. 자본의 체계하에 있다면 오늘날에도 역시 마르크시즘의 사고는 강력한 영향력을 행사할 수밖에 없다. 마르크시즘과 관련된다면 헤겔의 체계 안에 속할 수밖에 없다는 단점을 설파하는 현대철학자들도 있고 많은 부분 인정되는 부분이기도 하며, 여전히 자본이라는 형태가 존재하고 위세를 떨치는 한 그의 사고는 계속해서 사고되고 재발견되면서 발전해나갈 것이다.

유토피아와 관련하여 비판적인 내용을 설파했던 타푸리의 견해는 탁월한 것이었다. 그러나 타푸리를 비판하는 학자들은 다른 한편으로 '그렇다면 대안은 무엇이냐' 하는 면에서 무능함을 토로하고 비판한다. 만프레도 타푸리는 자본과 협조하느니 완전히 배제시키는 것이 중요하다고 주장하기도 했다. 건축가는 자본가의 요구에 의해 움직이는 경우가 대부분이고 보수적인 성향에 속하는 그룹이라고 할 수 있으므로 태생적으로 원죄적 속성을 지니고 있다. 건축가라는 직종은 자본의 흐름을 충실히 대변하는 단순한 대리인적인 측면이 강하다. 건축이 서비스업으로 분류되는 이유이기도 하다. 따라서 타푸리에게 있어서 일반적인 건축가들이 생각하는 유토피아는 보수적인 형태로 이해될 것이다. 건축을 대하는데 있어서 만프레도 타푸리는 항상 생산양식이라는 개념으로 돌아가야 한다고 주장한다. 다분히 마르크시스트적인 생각이라고 할 수 있을 것이다. 결과적으로 그의 사고는 "외부와 결부하고 사귀는 죄 많은 행위에 관여하지 말고 순수하고 단순하고 오랫동안 남아있을 수 있는 것을 만들어라."라는 메시지를 전파하고 있는 것이다. 그러나 치열한 자본주의의 경쟁사회를 살아가고 있는 우리에게 그것은 얼마나 공허한 이야기로 다가오는가?

3권에서 보겠지만, 이탈리아 텐덴차 운동을 주도했던 인물 중 한명인 조지오 그라시는 장식이 철저히 배제된 상태에서 건물이 기존 컨텍스트에 순응하여 어떻게 배치되고 근본적으로 기능할 것인가에 모든 초점을 집중했다. 그에게는 건물이 도시와 연계되어 어떻게 자리잡는가가 가장 중요한 관심사였다. 배치가 해결되고 나면 창문, 문의 위치를 어떻게 내느냐가 이후의 중요한 문제이다. 그 이후 시대가 변함에 따라 장식이 덧붙여지고 빼지고 하는 것은 부차적이라는 것이다. 그는 가장 순수한 그리고 이후 오랫동안 남아있을 수 있는 가장 기본적인 생산양식으로 돌아가는 것이 중요하다고 역설한다. 이러한 생각 자체도 사실은 만프레도 타푸리의 생각에 근거하고 있는 것이다. 또한 이 내용은 구조주의적 관점의 과학적 접근방식의 한 방법론이었다.

오늘날 신자유주의 및 시공간이 극도로 압축되어 있는 시대에 살고 있는 우리들에게 오히려 생산양식의 근본으로 돌아가라는 명제는 더욱 심각하게 고찰해보아야 할 측면이다. 그러나 자본하에서 건축가가 자신의 주장만을 고집하기란 매우 어려운 일이다. 자본의 도도하고 거대한 흐름을 무조건 거부하는 것만이 능사는 아니다. 현실과 이상은 항상 조화를 이루는 것이 중요하다.
오늘날 렘 콜하스가 이론과 실무가 적절히 잘 결합되어 있는 훌륭한 건축가로 인정받고 있는 이유는 무엇일까? 그는 현실을 무조건 긍정하지도 그렇다고 전적으로 부정하지도 않는다. 그는 시대가 원하는 근본적인 생산양식을 수용하면서 유토피아적 감성도 함께 집어넣고 있다. 한편, 20세기에서 21세기로 넘어오면서 이성의 폐해를 극복할 수 있는 사고들의 공간 및 표현을 상당부분 수용하고 있다. 조지오 그라시와 같은 순수한 생산양식으로 돌아가려고 하는 감수성을 일정부분 지니면서 유토피아적인 진보의 열망을 동시에 지닌 것, 동시에 대중성을 지닌 것... 이것이 그의 건축이 지향하는 바라고 할 수 있다. 비판의 목소리가 있을 수 있겠지만 어떻게 보면 가장 현실적인 대안의 건축이라고도 할 수 있을 것이다.

역사를 살펴보면서 우리는 이성의 폐해를 극복하기 위한 사고들을 살펴볼 것이다. 이러한 이성의 폐해를 극복할 수 있는 방안이 무엇일까에 대해서 진지한 고민이 필요하다.

1030 발터 벤야민의 메시아적 세계관

앞서 살펴본 바와 같이 자본의 특성과 이성의 폐해속의 현상들을 온몸으로 느끼면서 다른 시각으로 도시를 바라보려고 했던 발터 벤야민의 독특한 사고방식과 같이 우리는 이러한 나름의 저항의 감수성을 가지고 자본을 비판적으로 바라보고 새로운 대안을 만들려고 하는 의지가 필요하다.

건축분야에서는 어디에서 찾을 수 있을 것인가? 이미 그 속에 내재해 있는 것일지도 모른다. 혹은 일반대중들에게는 접근할 수 없는 비가시적인 차원으로 이미 변형되어 심어지고 사라져버린 것으로 느껴질 수도 있을 것이다. 아니면 오늘날 렘 콜하스가 쇼핑몰을 분석하여 후기산업사회의 단면을 있는 그대로 바라보면서 대규모 복합공간을 조직하는 작품을 하는 정도의 작업을 만들어내려고 했는지도 모르겠다. 저항적 비판적 감수성을 가지고 말이다.

오늘날 벤야민의 시각으로 도시를 바라보고 모든 사회환경을 바라보는 것이 바람직한 것인지의 문제는 차치 하더라도 적어도 서구사회를 이루고 있었던 중요한 정신사적 흐름을 관조하고 그것을 종합하여 새로운 방식으로 바라보고 해결책을 찾으려고 했던 시도자체는 매우 의미가 있는 것이며 우리가 지향해야할 자세라고 볼 수 있다. 전에 언급한대로 우리에게는 동양사회에서 살고 있는 다양한 가치들이 있다. 한국사회를 긍정적으로 바라본다면 다양한 종교와 유교적 가치와 서구적 가치, 근대성과 옛 것들의 가치들이 충돌하고 있지만 나름의 방식으로 자기화 시켜서 발전해나가고 있다. 이런 방식을 새로운 시각으로 조합하거나 종합하여 창조적 방식의 세계관을 만들어낼 수 있다면 새로운 건축은 부차적으로 따라올 수 있을 것이다.
공통적으로 근대의 발전과 건축, 도시의 발전과 함께 훌륭한 철학자들과 건축가들은 나름의 비판적 시각을 가지고 작업을 지속했다. 그것에서 자신의 훌륭한 방식을 찾게 되었고 이것이 새로운 방향성을 가지고 자신의 정체성을 만들어나가는 원동력이 된 것이다.

1031 변증법적 체계와 동일성의 폐해

사람들은 대부분 상품에 가치가 있다고 생각하기 쉬운데 이런 생각을 물신物神적 가치라고 한다. 가치는 거기 내재해 있는 것이 아니라 사실은 사회적인 관계에서 파생되는 것이다. 사회적 관계의 결과인 상품의 가치를 마치 상품 자체의 실체적이고 자연적인 속성에 근거한 것이라고 생각하는 착각을 가져오게 되었다는 것이다. 모더니티와 모더니즘은 이러한 착각을 가져오게 하는 부작용이 있다.

동일성은 다양한 현실을 이성이 판단하는 바에 따라서 많은 사람들에게 동일하게 받아들이는 것을 의미한다. 이성에 의해 현실이 동일하게 받아들일 수 있다고 생각하는 그 자체가 사실은 매우 폭력적이라고 할 수 있을 것이다. 선형linear적, 비선형적이라는 용어는 해체건축 시기 이후 논의된 용어들이다. 선형적인 내용의 논의를 펼치는 경우, 반드시 일종의 시간 개념 및 목적론적인 발전의 방향성에 마르크시즘을 의미하고 있다. 변증법적 유물사관적인 내용이 들어가 있다는 의미이다. 따라서 어느 면에서 이것은 전체화로서의 관념을 내포하고 있다는 의미를 가지고 있다고 볼 수 있다. 오늘날 비선형적인 움직임을 중시하는 후기구조주의적 사유와 문화활동은 비선형적 체계는 일방향의 전체주의적 방향성을 지닌 것들을 극복하고자 하는 움직임이라고도 할 수 있다.

1032 오늘날 유토피아란 가능한 것인가? 라는 질문에 대해서

오늘날의 자본주의와 신자본주의적 질서하에서 유토피아적 가치가 반영된 건축적 상황은 순수한 생산양식으로 돌아갈 수 있도록 하는 것과 저항적 감성을 지니고 있다. 그것은 끊임없이 집적하려 하고 침범하여 통제하려고 하는 자본의 욕망에 대항하고 이성의 진보를 통해 시민의 자유를 최대한 담보할 수 있는 절대적 선이 자유롭게 다양한 경로로 교류하며 이루어질 수 있는 비선형적 교류방식으로 실현되어야 할 것이다.

마지막으로 한 번 쯤은 들어보았을 이글스의 명곡 호텔 캘리포니아의 가사를 한번 살펴보도록 하자.

호텔 캘리포니아

사막의 까아만 고속도로를 달리는 내 머리결에
바람이 스치고 은은한 콜리타스 냄새가 대기에 진동하네요.
저 멀리 앞에 가물거리는 불빛이 보이네요.
머리가 무거워지는 듯하고 시야가 점점 흐려지고 있어요.
오늘밤 묵을 곳을 찾아 봐야겠어요.

문가에 그녀가 서 있었어요.
미션풍의 종이 울리는 소리를 듣고
난 혼자 이렇게 생각했어요. '여긴 천국이던가 아니면 지옥일거야'
그리고 나서 그녀가 촛불을 켜고 내게 길을 인도해줬어요.
복도 아래에서 소리가 들렸는데 이렇게 말하는 것 같았어요.

캘리포니아 호텔에 오신 것을 환영해요.
여기는 아름답고 묵을 방도 많이 있어요.
연중 어느 때고 여기서 방을 구할 수 있어요.

그녀는 티파니 같은 비싼옷에 관심이 끌려 있었고
벤츠를 몰고 다녔지요.
잘생긴 남자 친구들이 많이 있었고 그녀는 그들은 친구라 불렀지요.
그들은 마당에서 춤을 추었고 달콤한 여름의 땀에 흠뻑 젖었어요.
어떤 춤을 기억하고 싶지만 잊고 싶은 춤도 있었지요.

지배인을 불러서 와인을 한잔 갖다 달라고 하자 그가 이렇게 말했어요.
"우린 1969년 이래 그런 술은 팔지 않아요."
그 목소리는 아직도 저 멀리서 날 부르고 있는 것 같고 그 소리에 한밤중에 깨어나기도 하지요.
그들이 이렇게 말하는 걸 듣기 위해

캘리포니아 호텔에 오신걸 환영해요.
이곳은 아름다운 곳이죠.
사람들은 이곳에서 인생을 즐기고 있어요.
놀랍지 않아요? 핑계거리 대고 이리 놀러 오세요.

천장에 펼쳐진 거울, 그리고 얼음이 얹혀진 핑크빛 샴페인.
그녀는 이렇게 말했어요.
'이곳에서 우린 모두 우리가 만들어낸 도구의 노예가 되어 버리죠'
그리고 응접실에서 사람들은 만찬을 위해 모이고 나이프로 음식을 자르지요.
하지만 그들은 야수를 죽이진 못해요.

내가 마지막으로 기억하는 건 입구를 향해 뛰었던 거예요.
나는 내가 원래 있던 곳으로 다시 돌아갈 길을 찾아야 했지요.
'진정해요'라고
야간 경비원이 말했어요. **우린 손님을 받기만 할 수 있어요.**
당신은 언제든지 체크아웃을 할 수 있지만 절대로 벗어날 수는 없을 거예요.

자본의 체계하에 들어간 이후에 벌어지는 일련의 행위들은 은밀히 벌어지는 야수들의 장난이나 미로 시스템 속에 빠져들어 절대 나올 수 없는 것인지도 모른다. 당시 포스트모더니즘의 영향을 받은 노래라고 알려진 '호텔 캘리포니아'가 의미하는 것이 마약 또는 정신병원이라는 분석을 내놓는 문화비평가들도 있다. 그러나 어떤 해석을 내리던간에 이 가사의 내용은 명백히 현대 자본사회를 사는 사람들의 생산과 순환의 도구적 관계와 소외 및 파괴적 현상들을 그리고 있으며 폐해적 특성에서 벗어나기 힘든 현대인의 자화상을 상징적으로 감수성 넘치게 표현하고 있기 때문에 대중은 그러한 독특한 감성을 잘 표현한 그들의 음악에 열광하는 것이다.
우리는 자본의 순환체계에 살고 있는 이상, 좋던 싫던 그 순환구조 속에서 상호작용하며 살아가게 마련이다. 인류역사상 전대미문의 거대한 사회주의의 실험이 끝난 상황에서는 더더욱 순환구조속에서의 생존이 절실하다. 그러나 계속해서 이야기하듯이, 지식인과 건축가가 해야할 일은 현실에 적당히 타협하거나 순응하는 것이 아니라 비판적 시각을 가지고 그 안에서 그것을 초월하려고 하는 노력을 끊임없이 해야 한다는 점에 있다. 이성의 속성 혹은 자본의 속성은 적당히 타협하는 순간 야수로 돌변한다. 그렇게 되면 이성과 자본이 무자비한 속성으로 폐해를 만들어갔던 전철을 밟게 된다. 건축가는 자칫 잘못하면 추악한 자본의 속성을 그대로 대리수행하면서 자본의 단물을 빨아먹는 기생수와 같은 존재로 쉽게 변할 수 있다.

그래서 무언가를 만들어내어 사회에 영향력을 끼치는 분야 중 건축은 더욱 인간과 직접적이고 삶과 동떨어질 수 없으므로 더욱 책임감을 가져야 한다. 이성의 발전과 과학기술의 발전에 따른 변증법적 사고체계와 자본의 순환구조와 반작용으로 나타난 사회주의적 실험, 나찌의 추악한 만행, 자본주의의 어두운 특성 등은 모두가 세계를 어떻게 바라보는가에 따라 세계를 만들어나간 사람들의 결과물들이다. 건조환경을 담당하는 건축가는 결국 이러한 점에서 무거운 책임이 있다. 건축학도들은 이러한 부조리한 구조의 내용들을 온전하게 대리해주는 하수인의 역할에서 창조적으로 저항적 감성을 지닌 건축가로 거듭나야 한다. 완전히 거부하면 시장에서 살아남을 수 없다. 저항적 감성을 창조적으로 융복합시켜 양쪽의 요구를 적절하게 조화시킬 수 있는 능력을 키우는 것이 가장 바람직한 방식이다. 여러분의 창조적 저항정신을 기대해본다.

찾아보기

그림출처

AA files no.12 p.46, 53, 54

Architectural Design
RUSSIAN AVANT-GARDE p.80

FRANCIS D K CHING 저 황연숙 역
건축의 형태공간 규범, p.XII, XIV, 59

Herman Hertzberger Space and the
Architect_Lessons in Architecture 2.
010 Publishers, p.213, 230

Roger H. Clark 저 디자인연구회 역
건축의 선례, 1992, p.57, 93

서양건축사. 윤정근 김주성 송종원 김진모
박혜선 변계성 이준혁 이관호 공저. p.211

SHoP: Out of Practice,
The Monacelli Press, 2012, p.84, 129

Johann Friedrich Geist, Arcades:
The History of a Building Type,
MIT Press, 1982, p.233, 488

Wojciech G. Lesnikowski,
합리주의와 낭만주의 건축
박형관 외역, 1986, p.76, 392

임석재 서양건축사 4-인간과 인간.
임석재, p.93, 103, 454, 514

클라시커 50 서양건축. 롤프H. 요한젠 저.
안인희 역, p.92, 93, 120, 128, 148, 149, 150

合理主義 와 浪漫主義 建築. Wojciech
G.Lesnikowski 저 p.76, 392

참고문헌

1. 국내 단행본

건축, 도시 부분

김 원, 사회주의 도시계획
보성각, 1998

김원갑, 이야코프 체르니코프와
그의 건축적 환상, 세진사, 1993

기 소르망, Made in USA
민유기 외 역, 문학세계사, 2004

데이비드 하비, 모더니티의 수도 파리
김병화 역, 생각의 나무, 2005

르 코르뷔지에, 건축을 향하여
이관석 역, 동녘, 2007

르 코르뷔지에, 도시계획, 정성현 역
동녘, 2007

르 코르뷔지에, Le Corbusie-학생들과의
대화, 봉일범 역, MGH, 2000

만프레도 타푸리, 건축의 이론과 역사
김일현 역, 동녘, 2009

만프레도 타푸리, 건축과 유토피아
김원갑 역, 기문당, 1999

마이크 새비지, 자본주의 도시와 근대성
김왕배 외 역, 한울, 1996

마이클 헤이편, 1968년 이후의 건축이론
봉일범 역, 시공문화사, 2003

만프레도 타푸리, 건축과 유토피아
김원갑 역, 1992

버난트 클라센, 서양건축사, 심우갑 역
대우출판사, 1997

손세관, 도시주거 형성의 역사
열화당, 1993

양동근, 현대건축론
기문당, 1995

앤디 메리필드, 매혹의 도시, 맑스주의를
만나다, 남청수 역, 시울, 2005

윤재희, 구성주의 건축
세진사, 1995

엘 리시츠키, 세계혁명을 위한 건축: 러시아
세진사, 1994

이진경, 근대적 시공간의 탄생
문학과학사, 1997

이진경, 근대적 주거공간의 탄생
소명출판, 2000

조명래, 포스트포디즘과 현대사회 위기
다락방, 1999

조명래, 현대사회의 도시론
한울아카데미, 2002

최병두, 근대적 공간의 한계
삼인, 2002

최윤경, 사회와 건축공간
시공문화사, 2003

케이트 네스빗, 건축이론1·2·3
최학종 역, 시공문화사, 2005

토마스 마르쿠스, 권력과 건축공간
유우상 외 역, 시공문화사, 2006

페브스너, 유럽 건축사 개관
김복지 역, 태림문화사, 1993

피터 손더스, 도시와 사회이론
한울아카데미, 1997

Aries, P., 성과 사랑의 역사
김광현 역, 황금가지, 1996

Benevolo, L., 근대 도시 계획의 기원과
유토피아, 장성수, 윤혜정 역
태림문화사, 1996

Engels, F., 영국 노동자 계급의 상태
박준식 외역, 두리, 1988

Engels, f., 노동자 경제학
정경진 편역, 일송정, 1988

Hobvsbawm, E., 자본의 시대 1848-1875
정도영 역, 한길사, 1983

Kopp, A., 소비에트 건축
김의용 외역, 발언, 1993

Lesnikowski, W. G., 합리주의와 낭만주의
건축, 박순관, 이기민 역, 국제, 1993

Pevsner, N., 근대디자인 선구자들-
윌리엄 모리스에서 월터 그로피우스까지
정구영, 김창수 역,

Pirenne, H., 중세 유럽의 도시
강일휴 역, 신서원,1997

S. Gardiner, 건축사 개론
박강철 역, 기문당, 1988

Sigfried Giedion, 공간. 시간. 건축
김경준 역, 시공문화사, 2013

Stephen Kieran, James Timberlake,
건축의 재구성, 윤용집 역, 시공문화사, 2005

William J. R. Curtis, 1900년 이후의
근대건축, 강병근 역, 화영사, 1993

Lefebvre, H, 자본주의 도시화와 도시계획
최병두, 한지연 편역, 한울, 1989

철학, 예술 부분

게오르그 빌헬름, 프리드리히 헤겔 ,
역사철학강의, 권기철 역, 동서문화사, 2008

고호상, 하버마스의 현대성 주장과 보편적
합리성 문제, 한국학술정보, 2006

그램 질로크, 발터 벤야민과 메트로폴리스
노명우 역, 효형출판, 2005

라이프니츠, 모나드론 외, 배선복 역,
책세상, 2007

르네 데카르트,
방법서설: 정신지도를 위한 규칙들
이현복 역, 문예출판사, 1997

막스 베버., 프로테스탄트 윤리와 자본주의
정신, 박성수 역, 문예출판사, 1988

막스 베버, 사회경제사
조기성 역, 삼성출판사, 1988

미쉘 푸코, 감시와 처벌
박홍규 역, 강원대 출판부, 1989

발터 벤야민, 발터 벤야민의 문예이론
심성완 편역, 민음사, 1994

제임스 조이스, 피네간의 경야
김종건 역, 범우사, 2003

존 멕퀸, 알레고리
송낙헌 역, 서울대학교 출판부, 1983

발터 벤야민, 발터 벤야민의 문예이론
민음사, 1992

발터 벤야민, 발터 벤야민-도시와 모더니티
홍준기 역, 라움, 2010

발터 벤야민, 기술복제시대의 예술작품/
사진의 작은 역사 외, 최성만 역, 길, 2007

발터 벤야민, 일방통행로/사유이미지
최성만 역, 길, 2007

발터 벤야민, 역사의 개념에 대하여/
폭력비판을 위하여/초현실주의 외
최성만 역, 길, 2008

발터 벤야민, 1900년경 베를린의 유년시절/
베를린 연대기, 윤미애 역, 길, 2007

발터 벤야민, 언어 일반과
인간의 언어에 대하여/번역자의 과제 외
최성만 역, 길, 2008

발터 벤야민, 괴테의 친화력
최성만 역, 길, 2012

발터 벤야민, 보들레르의 작품에 나타난
제2제정기의 파리 / 보들레르의 몇 가지
모티프에 관하여 외, 최성만 역, 길, 2012

백석종, 미래파 건축
세진사, 1997

베네딕트 데 스피노자, 데카르트 철학의 원리
양진호 역, 책세상, 2010

베네딕트 데 스피노자, 에티카
조현진 역, 책세상, 2006

베네딕트 데 스피노자, 에티카
서광사, 2007

서용순, 청소년을 위한 서양철학사
두리미디어, 2006

수잔 벅 모스, 발터 벤야민과 아케이드
프로젝트, 김정아 역, 문학동네, 2004

이정우, 접힘과 펼쳐짐-라이프니츠와 현대
그린비, 2012

이진경, 철학과 굴뚝청소부
그린비, 2005

이진경, 철학의 외부
그린비, 2006

장 코르미에, 체 게바라 평전
김미선 역, 실천문학사, 2005

질 들뢰즈, 주름, 라이프니츠와 바로크
이찬웅 역, 문학과지성사, 2004

질 들뢰즈, 니체 철학의 주사위
신범순, 조용복 역, 인간사랑, 1993
프리드리히 헤겔, 정신현상학
임석진 역, 한길사, 2005

프레드릭 제임슨. 포스트모더니즘-후기
자본주의 문화논리, 정정호 편
문화과학사, 1989

프리드리히 니체, 도덕에의 계보
청하, 1988

프리드리히 니체, 권력에의 의지
청하, 1988

테렌스 호옥스, 구조주의와 기호학
오원교 역, 신아사, 1982

톰 록크모어 외, 하버마스 다시읽기
임헌규 역, 인간사랑, 1995

테오도르 아도르노, 호르크하이머,
계몽의 변증법-철학적 단상, 김유동 역,
문학과지성사, 2001

테오도르 아도르노, 부정변증법
한길사, 1999

칼 마르크스, 자본론 1·2·3권, 김영민 역
이론과 실천, 1987

칼 마르크스, 프리드리히 엥겔스,
공산당선언, 이진우 역, 책세상, 2002

칼 마르크스, 자본론 - 정치경제학 비판
김수행 역, 비봉출판사, 2005

호르크하이머, 도구적 이성 비판-이성의
상실, 박구용 역, 문예출판사, 2006

호르크하이머, 호르크하이머의 비판이론
이종하 역, 북코리아, 2011

할 포스터, 반미학
윤호병 역, 현대미학사, 1993

Caliniscu, M, 모더니티의 다섯 얼굴
이영철 외 역, 시각과 언어, 1994

2. 외국단행본

Agger, Ben, Cultural Studies as Critical Theory, London: Falmer Press, 1992

Benjamin, W. The arcades project. Ed. Rolf Tiedemann, trans. Howard Eiland and Kevin McLaughlin. Cambridge, MA: Harvard University Press, 1999

Bernstein, Richard, Jurgen Habermas and Modernity, Cambridge: Polity Press, 1985

Best, Steven & Douglas Kellner, Postmodern Theory, London: MacMillan, 1991

Calhoun, Craig, Introduction: Habermas and the Public Sphere," Habermas and the Public Sphere, Cambridge: MIT Press, 1992

David Grahame Shane, Recombinant Urbanism, Wiley, 2005

Edward R. Ford, The Details of Modern Architecture, MIT Press, 1989

Isenstadt, S. Richard Neutra and the psychology of architectural consumption. In Anxious modernisms: Experimentation in postwar architectural culture, 2000

Leonardo Benevolo, The History of the City MIT, 1975

Manfredo Tafuri, The Sphere and the Labyrinth translated by Pellegrino d' Acierno and Robert Connolly, MIT, 1987

Manfredo Tafuri, Theories and History of Architecture, New York, 1978

Noberg-Schulz, C., Baroque Architecture Rizzoli International Publication, 1971

Norman Johnston, Forms of Constraints University of Illinois Press, 2000

3. 학위논문 및 학회논문

이영수, 건축구성형식의 변화와 특성에 관한 연구, 홍익대 박론, 1992

박항섭, 한국 현대건축의 양태와 표현특성에 관한 연구, 홍익대 박론, 1997

김원갑, 현대건축디자인에 미친 아방가르드 이론과 과학패러다임의 영향에 관한 연구 홍익대, 박논, 1991

현대철학과 건축이론 시리즈1
Philosophy and Architecture Series

이성의 명암과 건축이론

1판 1쇄 2014년 2월 10일

저자. 임기택(ktarchitect@pknu.ac.kr)

발행인. 김기현
발행처. 시공문화사(Spacetime)
디자인. 이문형(lmh0225@gmail.com)

등록. 1993년 3월 12일
주소. 서울시 서대문구 독립문공원길13 극동프라자 5층(120-796)
전화. 02)3147-1212, 2323
전송. 02)3147-2626

www.spacetime.co.kr, spacetime@korea.com
ISBN 978-89-5592-282-0 93540